飞机内饰与涂装设计

罗甬 著

上海人民美術出版社

图书在版编目（CIP）数据

飞机内饰与涂装设计 / 罗甬著. -- 上海 ： 上海人
民美术出版社，2023.4
ISBN 978-7-5586-2662-3

Ⅰ. ①飞… Ⅱ. ①罗… Ⅲ. ①飞机－内部装饰－装饰
设计②飞机－涂漆－设计 Ⅳ. ①V26

中国国家版本馆CIP数据核字(2023)第054926号

飞机内饰与涂装设计

作　　者：罗　甬

责任编辑：孙　青

特约编辑：马海燕

责任校对：周航宇

技术编辑：史　湧

排版制作：朱庆荧

版式设计：王　俊

封面设计：译出传播　孙吉明

出版发行：上海人民美术出版社

地　　址：上海市闵行区号景路159弄A座7F

邮　　编：201101

网　　址：www.shrmbooks.com

印　　刷：上海丽佳制版印刷有限公司

开　　本：710×1000　1/16　12印张

版　　次：2023年7月第1版

印　　次：2023年7月第1次

书　　号：ISBN 978-7-5586-2662-3

定　　价：168.00元

目录
CONTENTS

第一章

Chapter-01

流动的空中曲线

一、各类机型的设计特征

"大鹏一日同风起，扶摇直上九万里。"人类一直渴望飞翔，像鸟儿一样张开双翼在蓝天中自由地翱翔。

飞机是航空运输的主要运载工具，是 20 世纪出现的、技术发展最迅速的一种运载工具。19 世纪曾有无数航空先驱者探索研制载人飞行器，但无一成功。其原因有很多，除了没有适用的发动机外，最重要的是航空理论研究大大落后于设计实践。

飞机诞生后，飞机设计在相当长的时间里也主要是经验的产物，也就是说，飞机的各种参数设计，基本上是由实验确定的。由茹科夫斯基、库塔创立的关于机翼升力的环流理论和由兰彻斯特、普朗特创立的升力线理论，是空气动力学发展早期的伟大成就，不仅圆满解释了机翼升力的奥秘，而且有极其重要的实践意义。

按照这一理论体系，机翼升力主要集中在机翼前缘，因此，翼展越大，对产生升力就越有利。机翼展弦比越大，所产生的诱导阻力就越小，把飞机支托在空中所需要的能量就越小。升力理论给出了这样一些设计原则：为了保证良好的飞机性能而尽可能采用大展弦比机翼，以获得较好的升阻比特性；为减小摩擦阻力而尽量使飞机外形平滑"干净"；尽可能消除或推迟翼面气流分离，特别是前缘分离以避免失速。尽管 20 世纪 60 年代以前飞机的外形千差万别，但这些基本思想万变不离其宗。

空气动力学的外形不是一种形式，而是探索有机终极设计目的的一种途径和表达方式，是一种传达人类需求的符号。按照环流理论，机翼产生升力的必要条件是围绕翼截面产生一个环流，也就是旋涡。在机翼前进的过程中，环流不断离开翼截面，但同时翼截面周围不断有新的环流产生。这样，机翼在运动过程中，周围始终保持着有一个旋涡存在，保证产生升力的连续性。由于这个旋涡始终"附着"在机翼周围，因此被称为"附着涡"。相应的这种流动类型被称为"附着流型"。与附着涡对应的，机翼翼尖处有一个感生的自由涡系。这样，机翼就可以由一个涡系来简化表示，一个随同机翼产生的附着涡，一个是从翼梢发出而向下游伸长的自由涡。由于附着涡产生有用的正升力，自由涡下游产生诱导阻力，因此，长期以来，飞机机翼的设计原则几乎总是提高附着涡量，减小自由涡量。

尽管升力理论还存在一些局限，如失速等问题，但后来提出的解决方法也是遵循上述原则的。失速现象是由于气流因种种原因离开了机翼表面而导致升力急剧下降造成的。由于失速的产生和环量的大小往往无法预计，因此出现了很多限制失速的方法，如避免大迎角飞行、采用吸气和吹起的方法降低边界层厚度、采用开缝襟翼等。但这些办法的实质都是使旋涡完全或者尽可能真正"附着"在机翼表面。

升力理论所建立的这种附着流型统治着 20 世纪前 50 年的各种飞机设计，后 40 年的飞机设计绝大多数也仍然在这种流行的框架之内。

20世纪40年代，空气动力学研究进入高速发展时期，随着喷气发动机技术的成熟，降低波阻、突破音障、增加升力，飞机设计在外形上特别是机翼设计上，都发生了重大转变，后掠翼、可变后掠翼、面积律机身、翼梢小翼、细长S机翼、边条翼和鸭式机翼都是在这一时期出现的，这些都是超声速时代飞机设计的重要特征，也使飞机顺利地实现了跨音速乃至二倍音速飞行。

但是这些设计新概念只是在提高临界马赫数、减弱激波强度、降低超声速飞行波阻上做文章，并没有改变利用附着流型这样一个传统的基本思想。

因此，德国著名空气动力学家屈西曼根据流型划分仍把后掠翼之类的设计归于"古典"之列。传统飞机设计理念就是单纯利用附着流型的设计理念。

但是事情都是一分为二的，飞机设计走过了几十年的发展道路后，人们又反过来重新审视"自由涡"理论。产生这样一种转变的原因有许多：一是理论上对三维分离流动和自由涡有了新的认识；二是大型超声速飞机设计在利用附着流型的准则下失败了；三是旋涡蕴含着极大的能量，要求探索利用它的可能性。这方面探索的结果引发了飞机设计领域的革命。

民用飞机给人类的进步和发展插上了飞翔的翅膀。

1903年12月17日，美国威尔伯·莱特与奥维尔·莱特兄弟制造的历史上第一架带有动力的载人飞机"飞行者1号"试飞成功，将人类飞行的梦想变成了现实，日行千里不再是虚无的梦想。

1910年前后，人们开始尝试用飞机进行空中运输。

20世纪50年代，具有划时代意义的喷气飞机问世，之后的几十年，民用喷气飞机一直引领着现代民用飞机发展的潮流。

20世纪60年代，在欧洲大陆诞生了一款至今也无法超越的民航客机，即由法国和英国设计师共同合作研制的协和超声速客机。该款飞机起飞时机头昂起，机翼处在大迎角状态，S细长机翼前缘气流发生分离，并形成脱体涡，因此能保证以不太大的速度和较短的距离升空和降落。

飞机的设计是一个反复迭代逐次演进的过程。民用飞机的设计最初只重视安全性，随着飞机使用维修保障费用的增加，发展到也考虑经济性。后来，为了满足乘客对舒适性的要求，民用飞机的舒适性也直接成为设计人员必须考虑和重视的问题。美国国家航空航天局（NASA）曾经指出：为了保证出行公众的福利，必须提供更加经济、舒适的空中旅行。近年来，由于人们对环保问题的重视，故而将民机设计的环保性也纳入了设计和评估的要求之中。

民用飞机集数百万个零件于一身，设计类别横跨上百个专业，连接上万人参与，需要数百亿投入，十年甚至几十年磨一剑，研制周期长达 10 年以上。按照国际标准以及全球供应链的采购原则，民用飞机是高技术、高风险、竞争激烈的行业，是综合性的集大成者（图 1）。

安全性是民用飞机设计和使用中首先保证的、压倒一切的准则。《联邦适航条例》（FAR25/CCAR25.1309）规定了适航条例民用飞机安全的最低要求。

波音公司（以下简称波音）、空中客车公司（以下简称空客）等国际先进的飞机制造商通过可靠性设计准则、维修性设计准则、保障性设计准则、测试性设计准则，将安全性设计贯彻到飞机研制中，保障飞机的安全性符合要求。

从飞机设计的经济性进行分析，美国主要从制造商和航空公司的角度，通过研究制造商的设计和生产成本以及航空公司的运营经济性来考量。

国际上主要从经济性、安全性、舒适性和环保性等方面判断民用飞机设计的优劣。以空客为例，它是通过著名的"V"形设计验证过程来设计飞机的。首先从整机层面自上而下地提出要求，逐步落实到系统层面、子系统层面直至零部件层面；设计方案出来后，需自下而上从零部件层面到子系统、系统层面再到整机层面一级级地进行验证，以检查最终的设计方案能否满足最初的设计要求。

图 1　飞机设计是"用"与"美"的集大成者

目前，世界民用飞机主要制造商有：

国家	公司名称（中文）	公司名称（英文）
澳大利亚	霍克·德·哈维兰公司	Hawker de Haviland
巴西	巴西航空工业公司	Embraer-Empresa Brasileira de Aeronautica S.A.
加拿大	庞巴迪宇航集团	Bombardier Aerospace
印度	印度斯坦航空公司	Hindustan Aeronautics Ltd. (HAL)
中国	中国航空工业集团有限公司	Aviation aiandustry Corporation of China Ltd
	中国商用飞机有限责任公司	Commercial Aircraft Corporation of China Ltd
国际合作	空中客车公司	Airbus SAS
	欧洲航空防务与航天公司	European Aeronautic Defence and Space Company
意大利	阿莱尼亚航空公司	Alenia Aeronautica S.P.A.
俄罗斯	伊留申航空联合体股份公司	Ilyushin Aviation Complex
	伊尔库特科学生产集团	Irkut Corporation
	米格飞机制造集团	Russian Aircraft Corporation MIG
	图波列夫开放式股份公司	Tupolev Public Stock Company (PSC)
	雅克福列夫实验设计局	Yakovlev Design Bureau
瑞典	萨伯公司	SAAB AB
英国	肖特兄弟公司	Short Brothers PLC
美国	波音公司	Boeing Company
	通用动力公司	General Dynamics Corporation

民用飞机按照座位数、航程等级划分，大致可分为干线飞机和支线飞机。

1. 干线飞机

干线飞机一般指客座数大于 100、满载航程大于 3000 千米的大型客货运输机。按航程划分，通常把满载航程大于 6000 千米的干线飞机称为中远程干线飞机，国际航线上大多采用这类飞机；把满载航程小于 5000 千米的干线飞机称为中短程干线飞机，一般多用于地区航线和国内航线。

干线飞机是民用飞机市场的主体，民用航空运输90%以上的客、货周转量都是由干线飞机完成的。

自20世纪50年代初喷气飞机问世以来，基本每隔10多年就会有一批具备不同技术特点的干线飞机问世，虽然看起来外形变化不大，但每代飞机都具有鲜明的技术特征。

干线客机的"代"序	所采用的设计准则	效 果	
第一代	静强度和刚度设计准则	降低飞机的结构重量	—
第二代	安全寿命设计准则		使用寿命已达到30000飞行小时
第三代	破损安全结构设计准则		—
第四代	结构损伤容限设计准则		使用寿命已达到60000飞行小时
第五代	（与第四代相仿）		（比第四代略有提高）

每一代的发展主要与发动机性能、载重与航程、经济性及运营年代等有关。

类型	运营年代	代表机型
第一代	20世纪50年代	波音707、DC-8、图-104
第二代	20世纪60年代	波音727、波音737、DC-9、"三叉戟"、图-154
第三代	20世纪七八十年代	波音747、波音757、波音767、DC-10、L-1011"三星"、空客A300B、空客A310、伊尔-86
第四代	20世纪90年代	波音777、波音737NG、空客A330/A340、图-204、伊尔-96

第一代喷气干线飞机于20世纪50年代投入航线运营，代表机型有美国的波音707、DC-8和苏联的图-104等客机。主要技术特点是采用涡轮喷气（涡喷）发动机作为动力装置和使用带后掠角的机翼代替以往的活塞式发动机和直翼机，从而大大提高了飞机的巡航速度和客运量，使航空公司的运营效率大大提高。这一代飞机机翼一般采用层流平顶翼型，结构设计采用静强度和刚度设计准则，航空电子设备大多为模拟式，以机电仪表为主。

波音707是美国波音研制的四发远程喷气运输机。第二次世界大战期间，波音以制造轰炸机而闻名，随着战后军品订单的骤减，波音提出了"用民用飞机打天下"的新战略，波音707就是在这个背景下诞生的。波音707于1954年7月15日首飞，1955年7月，波音得到了美国空军的许可，在KC-155基础上正式推出707客机。

第二代喷气干线飞机于 20 世纪 60 年代开始投入航线运营，代表机型包括美国的波音 727、波音 737、DC-9，英国的"三叉戟"和苏联的图-154。

Trident（三叉戟）是由英国德·哈维兰公司（后并入英国宇航公司，现为英国 BAE 系统公司）研制的三发中短程喷气客机。"三叉戟"客机于 1957 年开始设计，1957 年 7 月开始制造机体。首架飞机于 1961 年 8 月 4 日出厂，1962 年 1 月 9 日首飞，并在同年的英国范堡罗航展上首次公开亮相，1964 年 2 月 18 日获得英国民航管理局颁布的适航证，同年 4 月开始投入运营。

图-154 是苏联图波列夫实验设计局（现为俄罗斯图波列夫开放式股份公司，简称图波列夫公司）研制用于代替图-104、伊尔-18 的三发中程客机。该款飞机从 1966 年春开始设计，1968 年 10 月 4 日首次试飞，1971 年 5 月 15 日开始技术飞行，执行运送邮件任务，1972 年 2 月 5 日正式开始航线飞行。

第三代喷气干线飞机包括 20 世纪七八十年代投入使用的众多机型，代表机型包括美国的波音 747、DC-10、L-1011"三星"、波音 757、波音 767，欧洲空客的 A300B、A310，以及苏联的伊尔-86 等飞机。此外，为了占领波音 727、波音 737 早期型、DC-9 等中短程老龄飞机退役而出现的市场空缺，波音和麦克唐纳-道格拉斯公司（以下简称麦道公司）分别在波音 737 早期型和 DC-9 基础上，利用新技术推出了 737-300/400/500 和 MD-80 系列飞机。空客则"以新知制胜"，研制出在民用飞机上首次采用电传操纵等一系列新技术的 A320 参与这一市场的竞争。这些于 20 世纪 80 年代出现的 150 座级的新干线飞机属于第三代干线飞机的范畴。

波音 747 是美国波音研制生产的四发远程宽体运输机。20 世纪 60 年代中期，客机生产制造商和各大航空公司对于民航的前景纷纷看好，为了适应这种变化，一些生产制造商相继推出各种大型运输机方案。1965 年 8 月，由于波音投标美国空军大型远程运输机项目落选，转而决定利用投标方案中的高涵道比发动机，研制一种全新概念的大型宽体客机，以满足 20 世纪 60 年代末民航飞行运量不断增长的需要。在 A380 问世以前，波音 747 创造了载客量最多、飞行距离最长的定期航班等多项世界纪录。

A300 是欧洲空客研制的双发宽体客机。1967 年，英国、法国和德国商定合作研制欧洲新型中短程宽体客机，1968 年确定设计方案并命名为 A300。该型号飞机于 1969 年 9 月开始试制，1970 年开始组装，第一架原型机 A300B1 于 1972 年出厂，同年 10 月 28 日首飞，1974 年开始交付使用。

L-1011"三星"是美国洛克希德公司（现为洛克希德·马丁公司）在 20 世纪 70 年代中期与波音 747 和 DC-10 竞争远程市场研制的三发宽体客机，是洛克希德公司研制的第一种亦是唯一一种宽体喷气式民航客机。该飞机于1966年开始设计，1969年3月开始制造，1970年11月16日首飞，1971年12月22日取得美国联邦航空局二级临时型号认证，准许向用户交付飞机并进行航线验证试飞，1972年4月获美国联邦航空局型号合格证并开始交付使用。L–1011"三星"初始设计是采用两台发动机配置，后改为三发动力以满足当时美国民用运输的要求。

第四代喷气干线飞机从20世纪90年代开始陆续投入航线运营，机型以美国的波音777、波音737NG（波音737–600/700/800/900/900ER），欧洲空客的A330/A340、俄罗斯的图–204及伊尔–96为代表。

波音777是美国波音研制的双发远程宽体客机，早期称为波音767–X。1990年10月29日，波音777项目正式启动，第一架波音777于1994年4月9日出厂，1994年6月12日首飞，1995年4月19日获得欧洲航空安全局适航证和美国联邦航空局型号合格证，1995年5月30日获得180分钟双发延程飞行认证，是民用航空史上首架在投入运营之前即获准进行双发延程飞行的飞机。1995年5月15日首架生产型飞机交付用户，1995年6月7日投入航线运营。

A340是空客研制的四发远程宽体客机。1987年6月5日项目启动，1991年10月25日A340–300首次试飞；1992年4月1日A340–200首飞，1992年12月22日两型均获欧洲适航合格证。A340与A330同时上马，A330为双发中短程客机。这两种机型除了发动机数量和发动机相关的系统不同外，其余85%的零部件都可以通用。

图–204飞机于1983年开始研制，1985年开始具体设计，是由图波列夫公司研制的，1990年在乌里扬诺夫斯克"航星"工厂开始正式生产，1993年5月开始交付使用。

进入21世纪，以波音787和空客A350超宽体（XWB）（以下简称A350XWB）为代表的第五代干线飞机出现在世人面前。这一代飞机强调客舱的舒适性，采用先进计算流体力学设计，融合式翼梢小翼的三维一体化机翼提高了飞机的空气动力性能和巡航效率。

波音787，是航空史上首架超远程中型客机，被誉为"梦想客机"，大量采用先进的复合材料以及前所未有的燃油效率，具有出色的环保性能。

A350是欧洲空客研制的双发超宽体飞机。2006年，A350XWB系列飞机正式亮相于英国范堡罗航展。为了满足客户的需求，2007年秋，空客对A350XWB进行了重新设计，新的A350XWB飞机采用了全新的超宽体客舱，新的机翼、新的轻质复合材料和新的发动机，给乘客带来了全新的享受。

2. 支线飞机

专门针对支线运营设计的或者是适合执飞支线航线的飞机就是支线飞机。如果按照支线飞机座位数的多少划分，目前世界各国航空公司使用的支线飞机可以分为小型支线飞机（10—30座）、中型支线飞机（40—60座）和大型支线飞机（70座以上）；如果按照采用的动力装置划分，支线飞机可分为涡扇支线飞机和涡轮螺旋桨（涡桨）支线飞机。

随着航空运输的发展，支线飞机与干线飞机的界限越来越模糊，支线飞机的座位数、舒适性越来越接近于干线飞机，有些支线飞机的最大座位数已经大大超过100座。但是这些飞机脱胎于大型支线飞机，因此我们仍然将这类飞机归属于支线飞机的范畴。从20世纪60年代至今，支线飞机经历了三代的发展。

类型	运营年代	代表机型
第一代	20世纪70年代末前	DC-3、康维尔440、F.27、F.28"伙伴"、BAe超748、肖特330、DHC-6、"冲锋"7、安-24、雅克-40、YS-11、C-212
第二代	20世纪80年代	肖特360、ATP、"冲锋"8、福克50、萨伯340、ATR42、CN-235、EMB-120
第三代	20世纪90年代	"冲锋"8-300/400、CRJ100、ATR72、萨伯2000、多尼尔328、ERJ-145系列、N-250、"喷气流"41、BAe.146NRA

20世纪70年代末期以前投入航线运营的支线飞机被称为第一代支线飞机，以美国麦道公司生产的DC-3（图2）、康维尔440，荷兰的F.27、F.28"伙伴"，英国的BAe超748、肖特330（英国肖特兄弟公司研制，后被加拿大庞巴迪宇航集团收购），加拿大的DHC-6、"冲锋"7，苏联的安-24、雅克-40，日本的YS-11，西班牙的C-212等机型为代表。

"安"系列飞机可谓是支线飞机的"开山鼻祖"。

安-32是50座双发涡桨中短程运输机。安-32是在安-26基础上研发的一种飞机，主要用于高温、高原机场。原型机于1976年首次试飞，1977年5月在巴黎航展上首次展出。它主要提供给部队使用，最初以每年40架的速度进行生产，1997年7月交付第346架飞机。2001年莫斯科航展上，首次展出安-32B-300改型机的模型。

安-38是苏联安东诺夫实验设计局研制生产的25—30座双发涡桨轻型多用途支线运输机。安-38是在安-28基础上研发的一种飞机，1991年巴黎航展上首次公布并展示模型。首批六架飞机在俄罗斯的契卡洛夫新西伯利亚航空生产联合体（NAPO）制造。作为安-28客机的发展型，安-38在其基础上进行了较大改进，更加适合旅客运输。但是作为

图 2 DC-3 运输机

20 世纪 90 年代末投放市场的支线飞机，没有空调、增压和冷气系统是安 –38 的软肋，尤其是对寒冷的俄罗斯来说，直接影响客舱的环境舒适度。

安 –72 是苏联安东诺夫实验设计局研制的双发短距起降运输机，是短程运输机安 –26 的后继机。1977 年 8 月 31 日安 –72 原型机首飞。截至 2005 年，全世界共有近 200 架安 –72 飞机在役。

安 –74 是安 –72 的发展型，研制初衷主要是用于南北极地区运输，1984 年 2 月宣布开始研制。1986 年 6 月 26 日，第一架预生产型安 –74（SSSR–58642）在哈尔科夫市首飞，到 1989 年该发展型飞机生产五架。1989 年 12 月，生产型安 –74（c/n0706）首飞，1991 年 8 月通过型号认证。首架生产型飞机 RA–74050 在 1993 年 12 月 25 日首飞。

安 –140 是乌克兰安东诺夫航空科学技术联合体研制的双发涡桨短程运输机，用以替代安 –24 运输机，1993 年开始研制。

安 –148 是乌克兰安东诺夫航空科学技术联合体研制的双发涡扇支线运输机。原型机于 2004 年 10 月 15 日正式亮相，同年 12 月 17 日实现首飞，2009 年取得欧洲适航证。

肖特 360（英国肖特兄弟公司研制）和 ATP（英国宇航公司研制）、加拿大的"冲锋"8（加拿大德·哈维兰飞机公司研制，现属加拿大庞巴迪宇航集团）、荷兰的福克 50（荷兰福克公司研制，现属斯托克宇航公司）、瑞典的萨伯 340（瑞典萨伯 – 斯康尼亚公司和美国费尔柴尔德公司联合研制）、法国和意大利的 ATR42（法国宇航公司和意大利阿莱尼亚航空公司联合研制）、西班牙和印度尼西亚的 CN–235（西班牙航空制造公司和国营印度尼西亚飞机工业有限公司联合研制）以及巴西的 EMB–120（巴西航空工业公司研制）等都是支线飞机的代表机型。

第一、第二代支线飞机其实都是由短程运输机转型而来，真正为支线航空开发的支线飞机从第三代开始。

20 世纪 90 年代投入使用的支线飞机被称为第三代支线飞机，以加拿大的"冲锋"8–300/400（加拿大德·哈维兰飞机公司研制，现属加拿大庞巴迪宇航集团）、CRJ100（加拿大庞巴迪宇航集团研制）、法国和意大利合作的 ATR72（法国和意大利合资的 ATR 公司研制）、瑞典的萨伯 2000（瑞典萨伯 – 斯康尼亚公司和美国费尔柴尔德公司联合研制）、德国的多尼尔 328（德国多尼尔公司研制）、巴西的 ERJ–145 系列（巴西航空工业公司研制）、印度尼西亚的 N–250（印度尼西亚飞机工业公司研制，今印度尼西亚宇航公司）、英国的"喷气流"41（英国宇航公司研制，现为英国 BAE 系统公司）及 BAe.146NRA（英国宇航公司研制）等为代表。

进入 21 世纪，一批新的喷气支线飞机陆续投入使用，加拿大的 CRJ700/900（加拿大庞巴迪宇航集团研制）、巴西的 EMBRAER E170/190 系列（巴西航空工业公司研制）；此外，俄罗斯的"超级喷气"100（俄罗斯苏霍伊民用飞机公司研制）、中国的 ARJ21（中国商用飞机有限责任公司研制）和加拿大的 CRJ1000（加拿大庞巴迪宇航集团研制）飞机为代表。

这些飞机在结构上加大先进金属材料和复合材料的用量，以减轻结构重量，并采用了燃油经济性更好的新型涡扇发动机。

新世纪投入运营的喷气支线飞机均是 70 座以上的大运力支线飞机，并且更加注重飞机的通用性、经济性、维修性、环保性及舒适性。

ARJ21 是中国商用飞机有限责任公司研制的新型涡扇支线飞机（图 3），是中国第一次完全自主设计并制造的 70—90 座中短程支线客机，严格按照 CCAR25 部 R3 要求研制，在 2014 年 12 月取得中国民航局颁发的型号合格证前，环球飞行超过 3 万公里、途经亚洲、欧洲、北美共 10 个国家、18 个机场的自然结冰试验，经过高温高寒高湿等气象条件下试飞，圆满完成 528 项试验任务，安全飞行 2942 架次、5258 小时，充分验证了 ARJ21-700 飞机的安全可靠性。取得型号合格证以后，又先后完成了大侧风、驾驶舱二阶段优化、甚高频天线优化、灵活起飞推力优化、降噪优化等设计优化工作，飞机性能及竞争力持续提升。2014 年 12 月获得中国民航局颁布的型号合格证，2015 年 11 月 29 日正式交付首家用户成都航空，2016 年 6 月 28 日正式投入商业运营，2017 年 7 月取得民航局颁发的生产许可证。

二、空中怪杰

天空中的飞行物，有的翩若惊鸿，有的矫健似游龙。纵观飞行器的发展历史，璀璨如星河，但总有几道熠熠生辉、格外生动的流星让人印象深刻，在蓝天白云之间诉说着不一样的精彩。

它们有的就像飞机家族中的"变相怪杰"一样，有着奇形怪状、不同一般的外貌，牢牢吸引着人们的目光。

1."怀孕的虹鳉"——波音 377PG 运输机

波音 377PG 是波音 377 机型的一个变种，由波音 377 发展而来，名字中的 PG 代表"Pregnant Guppy"，意思是"怀孕的虹鳉"。当你看到它的外形时，一定会觉得这个名字是对它形态的完美诠释。当时，为了满足 NASA 运送"阿波罗"登月任务所需大型组件的需要，波音 377PG 便应运而生了。

图 3　ARJ21 双发涡扇喷气式支线飞机

2. "超级古比鱼" —— 波音 377SGT 运输机

"超级古比鱼"运输机是为了 NASA 运输庞大的火箭部件而专程建造的。"超级古比鱼"的货舱长度达 28.8 米，内舱直径为 7.6 米，如果没有这架飞机，美国人想要把"阿波罗"航天飞机的火箭助推发动机和"土星 5 号"火箭这样庞大的家伙从加利福尼亚州运送到佛罗里达州就得用缓慢的货船运输，再经过巴拿马运河抵达目的地，"超级古比鱼"的诞生解决了这个燃眉之急。

3. "充满油脂的气球" —— 空客 Beluga 运输机

空客的 Beluga（图 4）外观像一头白鲸，好似一只"充满温暖油脂的气球"。Beluga 是空客内部在设计过程中运输飞机各个部件的一种运输机，最初被命名为超级运输公司，容量可想而知。这头"白鲸"于 1998 年首飞，一直在运行，它可以在 6 万英尺（约合 18287 米）的高空飞行超过 18 个小时。

4. "黑鼻子的小丑" —— EL/M-2075 Phalcon 飞机

由以色列航空工业公司和以色列埃尔塔电子工业公司设计的 EL/M-2075 Phalcon 飞机长着一只像小丑一样的大大的圆鼻子，这个奇怪的鼻子是因为在机头位置安装了一种能够提供敌舰船和机动车踪迹的早期空中预警的雷达。

5. "雄霸地面的伏地魔" —— Handley Page Victor 战略轰炸机

Handley Page Victor 看起来像是一只雄霸地面的"伏地魔"，威武霸气。

Handley Page Victor 是英国 Handley Page Aircraft 公司研制的退役战略轰炸机。其还配备了雷达、摄像头和其他传感器，使其在收集情报方面更好地发挥作用。

6. "未来派太空电影" —— 巴尔蒂尼 Beriev VVA-14 两栖飞机

巴尔蒂尼 Beriev VVA-14 看起来像是一部未来派的太空电影，它是 20 世纪 70 年代苏联开发的一架垂直起降的两栖飞机。这架飞机除了在高空飞行外，还可以利用空气动力学地面作用，具备在海面上空飞行的能力，主要目的是使其能够从水中起飞并以很高的速度飞行很长的距离。巴尔蒂尼飞机是由意大利设计师罗伯特·巴尔蒂尼（Robert Bartini）开发的，第一次飞行是在 1972 年，但是两年后，随着他的去世，这个项目也"香消玉殒"了。

图 4 空客 Beluga 运输机

7. "无尾的白鹤" —— X-36 无人机

X-36 是一款没有垂尾的无人机,现在已经退休了。这个美国用于实验的小规模原型机于 1997 年首飞,长 5.55 米,翼展 3.175 米,高 0.94 米,空重 494 千克,最大起飞重量 576 千克,最大速度 450 千米 / 小时。它采用翼身融合设计鸭式布局构型,由一个虚拟和地面驾驶舱的飞行员控制,特别之处在于,它没有大多数传统飞机上的垂直尾翼和水平尾翼控制面。机身结构主要采用铝合金与石墨复合材料蒙皮,机翼前缘与后缘都具有 40° 的后掠角。

8. "宇宙中的飞饼" —— Vought V-173 飞机

Vought V-173(图 5)也被称为"飞饼",是二战期间作为实验项目的一部分而建造的。虽然作为起升面的扁平设计没有被投产,但是它成了科幻导演心中的维纳斯,被广为流传。

9. "天空中的大白" —— 洛克希德·马丁 P-791 飞机

洛克希德·马丁公司的 P-791 将飞机的高速飞行能力与飞艇的浮力结合在一起,天空中的白胖子——P-791 能够在 2 万英尺(约合 6096 米)的高度漂浮三周,是名副其实的奇幻王国。

10. "碟形不明飞行物" —— VZ-9-AV Avrocar 飞机

科幻大片中经常出现的飞碟也真实地存在于人类世界过:加拿大研制的 VZ-9-AV Avrocar,这种碟形垂直起降的飞机就像一架不明飞行物,自带神秘感。这种机型起源于冷战初期的美国军方,当时的飞机设计师认为,整个圆形机身能够提供足够的升力,无尾翼的设计又能降低阻力,并且完全圆形的设计,也缩小它的雷达截面面积,达到一定的隐身性能。然而,Avrocar 能够达到的速度和高度的要求不能满足美国军队继续这个项目的条件,随着时间的推移,它最终被遗忘在历史的尘埃里。

11. "白色骑士 2 号" —— Scaled Composites White Knight Two 飞机

出自美国缩尺复合体公司的"白色骑士 2 号(Scaled Composites White Knight Two)",就像是并驾齐驱的身披白色战袍的好兄弟。这对并肩前行的好兄弟不仅能发射飞船,还能作为太空游客的训练机。"白色骑士 2 号"的驾驶舱位于右侧机身,号称世界上最大的全碳纤维材料飞机。由于机身采用的材料主要是碳合成原料,所以机身非常轻巧。

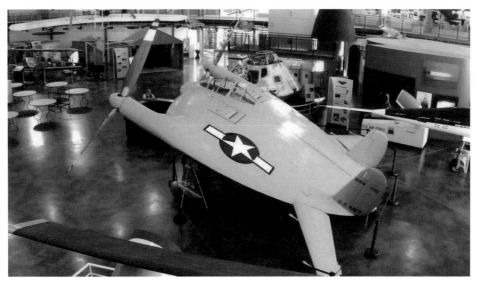

图 5　美国 Vought V-173 飞机

2008 年，其最大飞行高度达到 2.1 万米。按照计划，维珍银河公司将让"白色骑士 2 号"搭载"太空船 2 号"，爬升至 51.5 万米的高度，而后释放太空船。

12. "云杉鹅"—— H-4 大力神 2 固定翼水上飞机

H-4 大力神 2（H-4 Hercules 2）被形象地称为"云杉鹅"，让人瞠目结舌的是，这架硕大无朋的飞机主要由桦木制成，重量超过 200 吨！它至今仍保持着有史以来最大的固定翼水上飞机的记录。今天，我们可以在俄勒冈州的长荣航空航天博物馆一睹它的真容。

13. "木头飞机"—— Heinkel HE-162 战斗机

Heinkel HE-162 战斗机是 20 世纪 40 年代由德国人设计的，当时因金属匮乏，所以这架飞机主要由木头制成。这架飞机于 1944 年首飞，但在 1945 年退役，短暂的"生命"稍纵即逝。

14. "蓝天中的好莱坞影星" ——协和超声速客机

协和超声速客机冠绝古今，如磁石般吸引了人们的目光，其中最重要的原因就是它的速度——其飞行速度可与高速飞行的子弹比肩。

协和超声速客机的外形给人以美的享受，细长的机身、下垂的机头、三角形的机翼都极为独特。机头是活动的，可以下垂，这样既可以获得较高的低速仰角升力，有利于起降，又可以降低超声速飞行时产生的阻力，有利于超声速飞行。由于机头过于细长，飞行员在起降时因高仰角导致视线会被机头挡住，为了改善起降视野，机头设计成可下垂式，在起降时下垂一定的角度，可以往下调 5°—12°，用以满足起飞和着陆阶段飞行员获得极好的视野，巡航时则转到正常状态。

四台由轰炸机发动机改型研制的加力燃烧喷气发动机使协和飞机能够爬升到距离地面1.5 万至 1.8 万米的高空，然后以超出音速一倍多的巡航时速往返于相隔大西洋的欧洲和美洲之间。协和飞机从欧洲飞往北美的时间与其他机型相比，要缩短将近一半的时间，穿越大西洋单程大约需要三个半小时，最短时间为 2 小时 52 分 59 秒。欧洲和美洲有五个小时的时差，如果乘坐协和飞机，由东向西飞行抵达目的地的时间还早于起飞地的时间，真正体验到"穿越"时间的神奇！

协和飞机的近景和降落姿态优美而平滑；方形的发动机进气道体现了典型的法国风格，与法国阵风式战斗机如出一辙；位于机头的空速管如同深海探针一般；发动机噪声包括使用反推时的噪声比想象的要小；协和飞机起飞时要使用战斗机才会使用的加力燃烧来增加推力，于发动机机尾处可肉眼看见火焰。

协和飞机性能参数表

类别	项　目	主要参数
飞机尺寸	全机长度（米）	62.17
	高度（米）	11.4
	翼展（米）	25.6
	机翼面积（平方米）	358.25
性能	最大巡航速度（千米／小时）	2333
	经济巡航速度（千米／小时）	2180
	最大油量航程（千米）	7215
	最大载重航程（千米）	6500
重量	最大起飞重量（千克）	185000
	空重（千克）	78015
	商务载重（千克）	11340
	最大燃油量（升）	117285
	最大着陆重量（千克）	108860
发动机	制造商	奥林巴斯
	型号	593-MK603 加力式涡轮喷气发动机
	推力	17260（千克）×4（台）

协和飞机按高密度座椅布局，理论上最多载客144人，每排四座，但实际运营中最多布置128座，且100座的布局最受欢迎。协和飞机的增压客舱隔音非常好，可以提供平稳和安静的旅程，客舱前部和中部设有洗手间，前后有厨房。

让我们回望一下协和飞机的生命历程，直观感受一下它的生命周期。

协和飞机研制历程表

时间	项目进程
1956—1961 年	英法两国都提出了研制超声速民航客机的设想
1961 年	英法两国各提出了一套航程、速度相近，而且气动布局都十分相似的初步设计方案——"布列斯托尔"和"超快帆"
1962 年	英法两国正式决定合作研制两架原型机，并正式命名为"协和"
1965 年	协和飞机正式设计定型，开始原型机的制造工作
1967 年 12 月	首架协和飞机（001 号）在法国图卢兹下线
1969 年 3 月 2 日	协和 001 号机首飞
1969 年 4 月 9 日	协和 002 号机从英国布里斯尔附近的菲尔顿起飞，完成首飞任务
1969 年 10 月 1 日	协和飞机完成了首次超声速飞行，打破了民航客机无超声速的历史记录
1971—1972 年	两架预生产型协和客机试飞
1973 年	协和 002 号机首次抵达美国境内
1973 年 12 月 6 日	第一架协和飞机生产型首航，开始了蓝天之旅
1974 年 6 月 17 日	协和飞机首次完成穿越大西洋的往返航程，在此期间，通过了 5000 小时的飞行检测，取得了 TC 证
1976 年 1 月 21 日	协和飞机正式交付，投入航线运营，首次执飞的航线为伦敦—麦纳麦（巴林首都）
2000 年 7 月 25 日	协和飞机在巴黎上空发生空难
2000 年 8 月 15 日	法国和英国适航当局暂停协和飞机的商业运营
2001 年 9 月 5 日	英航和法航重获协和飞机的适航证

就技术而言，协和飞机至今仍是安全性能和技术水平最高的民航客机。在投入运营的最初 20 年间，协和飞机已累计载客 370 万人次，13 架运营的飞机累计飞行时间为 20 万小时，其中超声速飞行的时间为 14 万小时。

但是，由于在技术上处处领先，协和飞机的制造成本相当高昂，而且运行油耗巨大，发动机维护艰难，无法吸引英法两国航空公司以外的其他运营商。其高昂的研发制造、运营成本最终转嫁到票价上，英航和法航都曾经尝试把协和飞机投入飞往中东、南美和南非的航线上，但因为票价过于高昂导致客座率偏低，最后只得收缩到巴黎及伦敦的往返于美国的航线上。

在商业运行时，协和飞机每天一班从巴黎至纽约往返，往返票价为 9000 美元；每天两班从伦敦至纽约往返，往返票价为 9850 美元，比在这两条航线上飞行的其他类型飞机的头等舱票价还高出 25%，是其他类型飞机同类票价的 10 倍，高昂的票价让很多人望而却步，使得协和飞机曲高和寡，无法和普通乘客拉近距离，缺乏亲和力。

协和超声速客机有如世界民用航空史上的沧海一粟，是一个成真了但最终飘逝的梦。很难说它是领先于时代，还是落后于时代。在技术上，协和飞机无疑代表了 20 世纪 60 年代航空技术的最高水准，但所代表的理念在民航发展中被证明为误入歧途，最终被时代抛诸脑后（图 6）。

15. "最佳模仿秀" ——X-3 Stiletto 飞机

道格拉斯飞机公司制造的 X-3 Stiletto 飞机，其优美的外形与协和飞机难分轩轾。X-3 是二战后的实验性喷气式飞机，细长的机身和狭长的锥形鼻子在众多飞机中独树一帜。它作为第一架在其主要机身部件中加入钛的航空器最为人所知，它的目的是探索能使飞机达到超声速的特征。虽然研究失败了，但它研制过程中收集的数据，被用来作为设计其他飞机型号的依据，可谓是最佳开路人和引导者。

16. "传承衣钵者" ——AS2 飞机

不要以为在协和客机退役之后，"超声速"就与民航飞行无缘了，"超声速"家族很快就会有优秀的继承者。Aerion 公司与波音携手，计划于 2023 年将世界上第一架超声速公务机 AS2 送上高空，这架能以 1.4 马赫（约 1714 千米 / 小时）的速度飞行的飞机，可同时满足当前和未来所有的环境性能要求。选择首飞的日子恰逢协和飞机退役 20 周年，以示对"先贤"的怀念。

17. "大自然为吾师" ——浑然天成的科拉尼系列飞机

有着另类长相的飞机在历史的长河中也不少，但最让人心旷神怡，能够演奏出华彩乐章的，非科拉尼的纯机翼型飞机莫属。

卢吉·科拉尼，被誉为"21 世纪的达·芬奇"，是世界工业设计界一位无所不能的设计全才大师，他的作品风格独特、包罗万象、壮丽恢宏，涉猎领域之广令人惊叹。

由他操刀设计的飞机，四翼矛式未来高速客机、垂直起降高速飞机以及六层楼高的超大型客机、纯机翼型飞机，让人大开眼界、茅塞顿开。飞机还可以"长"成这样？他构想的六层楼高的翼展飞机震撼了人们的想象力，因为这个庞然大物竟然能容纳 2000 名乘客

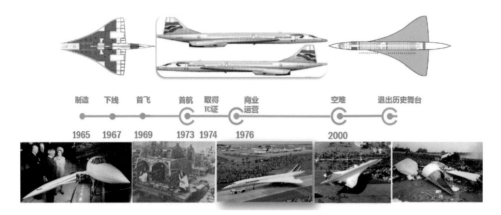

图6 协和飞机的里程碑节点

四翼矛式未来高速客机　　　　垂直起降高速飞机

可搭乘2000名乘客的大型客机

图7 科拉尼设计的飞机

（图 7）。

通过设计帮助人类实现飞鸟般自由翱翔在天际的梦想是科拉尼最大的愿望，因此飞行器设计在科拉尼的履历中占有极其重要的部分。

这些新颖的思维以无限的想象力和无穷的创造力开启了设计界的神话，也悄然改变着我们生活的世界以及人们对设计的态度。

科拉尼设计的"纯机翼型"（Flying Wing）飞机（图 8）外观看上去像个飞碟，机体内有四层楼，好似飘浮在空气里的一艘船，不仅速度上风驰电掣，客容量更是惊人。千万不要因为它的奇异长相而蔑视它，科拉尼认为，未来的大型运输机只能是机翼型的，即使是客机，也将是纯机翼型的，因为从空气动力学说来，它无疑最大限度地减少了飞行阻力，同时又最大限度地提升了飞机的升力，减少大量燃油。

基于对空气动力学的熟稔，对复合材料可塑性的深度挖掘，他的飞机作品达到了艺术性与技术性的高度统一。艺术家和工程师的身份并不冲突，他说："让艺术和技术结合起来是我的愿望，这就是我成为工业设计师的理由。"

科拉尼不仅拥有天马行空的想象张力，更有其谨慎求真的科学精神。他的设计不仅停留在理想主义的乌托邦阶段，更因其源自科学性的极高的造型质量，而且具有一定操作性，从实践层面上开出茂盛的花朵，产生深远的现实意义。

怪诞的设计之中其实深藏着科学原理，他的设计一直试图打破固有的理性。设计作品也许看起来很奇怪，但是符合科学性。空气动力学的专业出身，使得他的很多运输工具看似奇特，但不乏空气动力学的理论依据。比如他设计的地面交通工具，时速可以达到 540 千米／小时，但非常平稳，因为这个设计中运用了仿生学的原理。它像一个颠倒的鸟的翅膀。在正常的状态下，达到一定速度之后，在空气动力的作用下，鸟就会起飞，离开地面，但如果反过来，将它放在一个完全颠倒的状态下，即使达到了这个速度，它仍然很平稳地在地面上奔跑，因为空气动力的作用不断将它压向地面。这样的设计融合了艺术家的激情澎湃和科学家的严谨务实，二者合二为一，堪称完美。

其实，天马行空的想象力和科学严谨的求真务实并不背道而驰。相反，很多看似离经叛道的设计背后都蕴含了深刻的智慧。擅长于想象，更能把想象转化成现实，才是一个设计师的初心。

科拉尼的表达方式集成了自然和人类生命体之间情感和行为的互动，同时也意味着对社会和艺术领域的现代主义学说的根本改进。设计的理念源于自然的艺术与技术的结合。科拉尼真正做到了艺术和技术的协同发展，科学和艺术是人类文明进步的"双翼"，艺术创造梦想，技术实现梦想。

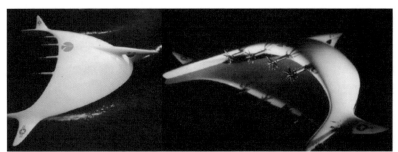

科拉尼设计的"纯机翼型"飞机

科拉尼借鉴巨齿鲨形态为波音设计飞机

图 8 科拉尼设计的飞机

与德国设计师带给人严肃理性的传统印象截然不同，科拉尼的飞机设计为我们呈现出一个生机勃勃的世界。和从自然生命中汲取灵感的设计不同，科拉尼已经从模仿花草树木的形态特征转向为一种新的创作，其作品既有自然生物的影子，又不完全取自某一种具象的生物，而是一种新的融合与升华。

科拉尼设计的飞机像是从宇宙中自然生长出来的一样，有着生命体的生机盎然。科拉尼有一句名言："90% 的自然，10% 的科拉尼，这就是我的创作。"不遗余力地对自然界生物奥秘的研究，以探索它们应用于设计中的各种可能与方法，是科拉尼设计的核心理念。科拉尼以自然为向导，流线型的外观造型使得在空中高速运动的飞机不仅可以减少阻力，而且能减少油耗，奠定了现代飞机的整体造型。

自然是最好的老师，因为经过物竞天择的自然选择，生存下来的生物一定在某些方面具有超乎寻常的完善性。科拉尼自诩为"翻译自然"的设计师，他的设计强调人与自然的融合，认为设计之美体现在回归自然，产品应服务于人。

科拉尼的飞机作品最突出的特征就是充满生命力的、自然流淌的曲线。对于大千世界各种生物习性的了然于心，为他的仿生设计奠定了坚实的基础。作为仿生设计和有机设计的先驱，科拉尼说昆虫世界向我们展示了外形与功能结合的典范，我们不仅要有正确的认识，而且应当将它们作为我们学习的榜样。

科拉尼的设计理念总结为 C-Form，即科拉尼形态。关于设计方法，科拉尼总结得很简单："每次接到项目，我就尽可能地多观察自然，多发现自然本身，越多越好，最后从中选择。"

1977 年，科拉尼从水中巨齿鲨的形态中吸取灵感，为波音公司设计了一款飞机，颠覆了传统飞机的固有造型。这种仿生思想也与当代可持续发展的设计理念充分契合。

科拉尼坦言，他所做的无非是模仿自然界向我们揭示的种种真实。自然智慧是设计的源头，更是方向。

鸟类的飞行本领是人类即使运用上所有的高新技术也无法企及的。他对鹤的定位能力，海燕、蜂鸟、鱼鹰的飞行能力，飞鸟的潜水能力，雕和鸢的敏锐视力，飞鹰的飞翔速度等数据熟稔于心，通过对鸟的翅膀的功能分析把飞机的空气动力学原理讲解得生动透彻。

科拉尼的仿生理念因为与自然的融合而产生出一种特殊的魅力，这种魅力来源于人与自然与生俱来的亲近，也因此超越了人造产品本身的意义，焕发出人性的光辉。

我们可以从他的作品中找到类似动物、人物的性格和情绪。他的设计不但是创作行为，更是一种诗意的表达。他将全部的灵魂都融入设计中，将他对自然和人性的理解诗情画意地表现出来。他对自然生命的虔诚热爱厚重而深沉，高古遒劲，神采飞动。

三、飞机的仿生设计

大自然充满睿智，毫不吝啬地给予人类所有的丰饶。大自然诚然是我们学习的宝库，是万师之源。航空的起源和发展与大自然的关联更是亘古绵长。

人类在无数次模仿鸟类的飞行失败后，经过不懈的努力，终于找到了鸟类能够飞行的原因：鸟的翅膀上弯下平，飞行时，上面的气流比下面快，由此形成下面的压力比上面大，于是翅膀就产生了垂直向上的升力，飞得越快，升力越大。

19世纪末，内燃机的出现给了人类有史以来一直梦寐以求的东西——"翅膀"。不用说，这种"翅膀"是笨拙的、原始的和不可靠的，但这却是人类能制造出随风伴鸟飞翔的翅膀的基础。

仿生设计学就像一条连接大自然的生物与科学技术之间的纽带。人类以自然生物为源泉，用科学技术得到最高效的解决方案。

自古以来，自然界就是人类各种科学技术创新及重大发明的灵感源泉。种类繁多的动植物及物质构成了纷繁多样的生物界，它们在漫长的进化过程中，为了求得生存与发展，逐渐养成适应自然界变化的本领。人类生活在自然界中，与周围的生物做伴为邻，这些生物各种各样的奇异本领吸引着人们去想象和模仿。

大家知道，莱特兄弟发明了真正意义上的飞机。在飞机的设计制作过程中，怎样使飞机拐弯和使它稳定一直困扰着他们。为此，莱特兄弟研究了鸟的飞行，他们研究鹞怎样使一只翅膀下落，靠转动着下落的翅膀保持平衡；这只翅膀上增大的压力怎样使鹞保持稳定和平衡。这两个人给他们的滑翔机装上翼梢副梢进行这些实验，由地面上的人用绳在控制，使之能转动或弯绕。他们第二个成功的实验是用操纵飞机后部一个可转动的方向舵来控制飞机的方向，通过方向舵使飞机向左或向右转弯。

1. 仿生设计学中蕴含的设计理念

仿生设计学从本质上说，是对所有事物形态、结构、功能、颜色等方面的研究，将新的方式方法、思维理念结合仿生学应用到具体设计中去，使得人们的生活方式发生改变。仿生设计是人类认识自然、学习自然、了解自然进化成果的体现。

创新是设计永恒的主题，贯穿于人的创造性活动之中，并成为衡量设计是否具有创造性的重要标准。仿生设计具有跃迁性、独创性、易读性、同构性、可逆性等创造性思维特征，以事物的对应性为客观物质基础，采用类比思维和移植发明法，将主导设计的感性思维与进行系统性、关联性分析评价的理性思维有机结合在一起，是现代设计创新的"捷径"。

人类对自然的学习，从大自然发展中探求规律，并将其运用于产品仿生设计中，是仿生设计的基本点。大自然中，生物经过长期进化，具有独特的功能和结构等诸多优良特质，最终使其与大自然和谐共生，不断地繁衍壮大。产品仿生是从自然物的功能、构造、形态、材料、色彩、外表特点和组织形式等角度向大自然学习，进行产品功能仿生、结构仿生、形态仿生、材料仿生、色彩仿生、表面肌理仿生及原理仿生等多层次的设计与开发，使开发的新产品具有合理的功能、有序的结构、适宜的材料、优美的色彩与表面质感等。

绿色设计是一股国际设计潮流，反映了人们对于现代科技文化所引起的环境及生态的反思，同时也体现了设计师道德和社会责任心的回归。

"4R 原则"是绿色设计的基本原则，即尽可能减少材料等资源的使用（Reduce）、产品与材料的可回收和重复使用（Reuse）、包装与产品的可循环使用（Recycle）和材料可再生性（Regeneration）。

人是有情感的社会群体，情感化设计也是仿生设计的原则之一，是产品精神需求的重要内容，也是产品设计必须考虑的问题。产品是与人交流的媒介。情感化设计可以提升产品的亲和力，让产品在心理上迎合人们的期望，满足情感上的需求，增强用户体验。

仿生学的情感化设计可以分为本能层次、行为层次和反思层次。本能层次，仿生设计主要从外观、造型入手，给人带来感官愉悦；行为层次，仿生设计主要从产品使用角度、用技能解决问题，从这个过程中获得成就感；反思层次，仿生设计主要考虑产品更深层的情感、意识、理解、文化等精神层面交织的影响，建立产品和用户之间的长期纽带，提升产品的品牌忠诚度。借助仿生设计，可从形态、色彩、表面肌理和使用方式等角度进行产品创新或优化、改良设计，实现产品的情感化设计。

产品语义学即向产品赋予含义，向人们传达其文化内涵及情感因素等信息。语义，顾名思义即语言的含义和意义。产品作为符号可体现产品本身特点、反映产品蕴含的情绪和艺术感。产品语义可体现产品的结构、呈现人机关系和产品功能。也就是说，工业设计在表达实用功能的同时，还要透过其语义特征来传达产品的文化内涵，体现特定社会的时代感和价值取向。正如法国著名符号学家皮埃尔·杰罗所说："在很多情况下，人们并不是购买具体的物品，而是在寻求潮流、青春和成功的象征。"仿生设计学须充分运用语义学理论，实现产品中仿生符号的情感和美学功能。通过产品仿生，体现仿生设计独特的联想、象征、情趣、功能及示意。

2. 仿生设计学在飞机设计中的应用

（1）形态仿生设计

形态仿生是基于自然界生物体形态的基础上进行的一种仿生方式，是模仿生物体或自然界物质的整体或局部：植物、动物、微生物、人体、日、月、风、云、山、川、光、电等皆是"模特"，通过归纳、概括、变化、抽象、提炼等设计手段运用到飞机外部形态设计中，使其具有象征寓意。它所强调的是人类审美观念的体现。在很多情况下，形态仿生是结合其他仿生方式一起出现的，这样不仅可以有效地解决功能性问题，还能达到造型美观的效果。形态仿生设计分为具象仿生和抽象仿生，飞机形态仿生的具象设计，是使大自然中的生物或物质的一些形态特征得以再现；飞机形态仿生的抽象设计，是在设计师对生物认知的基础上，概括或提取抽象的形态特征，运用到飞机形态设计上。

1800年左右，英国科学家、空气动力学创始人之一的凯利，模仿鳟鱼和山鹬的纺锤形，找到阻力小的流线型结构。凯利还设计了一种模仿鸟翅膀而设计的机翼曲线，对航空技术的诞生起了极大的促进作用。同一时期，法国生理学家马雷，通过对鸟的飞行仔细研究之后，在《动物的机器》一书中介绍了鸟类的体重与翅膀面积的关系。德国人亥姆霍兹也从研究飞行动物中，发现飞行动物的体重与身体的线度的立方成正比。亥姆霍兹的研究指出了飞行物体身体大小的局限。人们通过对鸟类飞行器官的详细研究和认真模仿，根据鸟类飞行结构的原理，终于制造了能够载人飞行的滑翔机（图9）。

飞机在飞行中由于上下压差的不同，翼梢附近机翼下表面空气会绕流到上表面，形成翼尖涡，致使翼尖附近区域机翼上下表面的压差降低，从而导致这一区域产生的升力降低，这是产生诱导阻力的根源。人们通过观察自然界大型鸟类，如鹰和隼，发现它们在飞行中展开翅膀向上偏折翅尖羽毛以减小阻力，从而实现远距离滑翔。受此启发，有专家提出在翼梢加装短板来减小诱导阻力的想法，经过不断研究，发明了翼梢小翼，并将其安装在商用飞机上，以减小飞机的阻力（图10）。

猫头鹰锯齿状的翅羽以及绒毛状的腿部羽毛是经历了2000万年进化的结果，这个独特的生理构造引发了科学家在飞机的气动噪声方面的研究，有最大限度地减少气动噪声。尽管与40年前的飞机相比，现代飞机的噪声已经降低了75%，但是，减少噪声是一项无止境的研究，研发人员希望通过进一步的研究，揭示猫头鹰静音飞翔的奥秘。除此以外，新的创意还包括模仿猫头鹰羽毛后缘的可伸缩式刷子边缘及天鹅绒般的起落架涂层（图11）。

（2）功能仿生设计

功能仿生是仿生学应用最多的一种方式，是研究生物体和自然界物质存在的功能原

图 9　根据鸟类飞行结构的原理设计的飞机

图 10　受鹰翅尖启发发明的翼梢小翼

图 11　猫头鹰的静音飞翔是飞机减噪的灵感来源

理，深入分析生物原形的功能与构造、功能与形态的关系，综合地表现在产品形态设计中的方法。

飞机的设计能够非常广泛地体现功能仿生设计。飞机的功能仿生是指飞行器模仿自然界生物的功能来解决自身需求。随着航空发展步伐的加快，对于飞机安全、舒适、节能、环保的要求越来越高：猫头鹰的静音飞行特性能够处理飞机减噪的问题，苍蝇平衡棒的导航原理能保证飞行器的稳定性。

生物经过长期进化，形成了独特而复杂的结构，以便适于生存。飞机在空中高速飞行的时候，外力作用所产生的频率与机身的自然频率达到一致时，产生共振现象，当振幅变大后会导致机翼的折断，这种破坏性振动在空气动力学中称为颤振，这种有害的振动可能造成翼折人亡的惨剧。在昆虫界，被誉为"飞行之王"的蜻蜓，在振翅飞行时，也会遇到有害的颤振现象。但是，神奇的造物者赋予了它们消除这种现象的方法。为了解决颤振现象，科学家们针对蜻蜓翅膀的结构进行研究，发现蜻蜓每一片翅膀前缘的上方，都有一块加厚的深色角质层或称色素斑，这个异于其他颜色的结构叫作翅痣，它能够抗颤振，防止蜻蜓自身与外力的频率产生共振，这就是它们消除颤振隐患的特殊装置。基于翅痣结构的启发，飞机的副翼与襟翼的前缘可以加上适当的配重，调整重心，防止颤振现象（图12）。功能仿生主要是学习生物经过演化而获取解决问题的智慧，并将这种智慧借鉴到自身需求当中。

蝙蝠是在黑夜里飞行的，还能捕捉飞蛾和蚊子，无论怎么飞，从来没见过它跟什么东西相撞。为了弄清楚这个问题，100多年前，科学家做了三次不同的试验，证明蝙蝠夜里飞行靠的不是眼睛，它是用嘴和耳朵配合起来探路的。它用嘴发出超声波后，在超声波接触到障碍物反射回来时，用双耳接收到。科学家模仿蝙蝠探路的方法，给飞机装上了雷达（图13）。

雷达通过天线发出无线电波，无线电波遇到障碍物就反射回来，显示在荧光屏上。飞行员从雷达的荧光屏上，能够看清楚前方有没有障碍物，所以飞机在夜里飞行也十分安全。

苍蝇一旦起飞，可在0.15秒内加速至每小时10千米的速度。苍蝇飞行时的转向角速度可达每秒六个旋转，即2160°。苍蝇还能垂直上下飞行，甚至倒退飞行，即使因撞到障碍物而突然失速，也可以在几毫秒内恢复飞行。不管在哪种表面，苍蝇都能轻巧地达成零速度着地。昆虫学家研究发现，苍蝇的后翅退化成一对平衡棒。当它飞行时，平衡棒以一定的频率进行机械振动，可以调节翅膀的运动方向，是保持苍蝇身体平衡的导航仪。科学家据此原理研制成一代新型导航仪——振动陀螺仪，大大改进了飞机的飞行性能，可使飞机自动停止危险的滚翻飞行，在机体强烈倾斜时还能自动恢复平衡，即使是飞机在最复杂的急转弯时也万无一失（图14）。

图 12　蜻蜓的翅痣与机翼颤振

图 13　蝙蝠与飞机的雷达导航

图 14　苍蝇与飞机的降落

根据牛顿第三定律，作用在物体上的力都有大小相等方向相反的反作用力。这一原理在海洋生物中也是早就存在的，比如乌贼（墨鱼）、水母的反冲原理，乌贼遭到危险时，能从腔内喷出一束墨汁，一方面把水的颜色弄深，一方面提供反作用力向前迅速逃窜。飞机喷气发动机推进的原理与之异曲同工（图15）。喷气发动机在工作时，从前端吸入大量的空气，燃烧后高速喷出，在此过程中，发动机向气体施加力，使之向后加速，气体也给发动机一个反作用力，推动飞机前进。

海鸟可以通过喙部察觉出空气中的阵风荷载量（Gust Load），并通过调节翅膀的形状抑制升力。运用此原理，空客A350XWB通过安装在机头的探测器可以检测风力，并利用其可移动的机翼表面提高飞行效率，此设计有助于进一步节能减排（图16）。

在自然界中，大雁迁徙时会列阵集体飞行，以节省能量并增加飞行距离。列阵飞行时，领头雁的翅膀会产生漩涡状气流，其后面的大雁就会因此得到额外的升力，也就是说会省力。机翼也可以有同样的效果，称之为尾涡（Trailing Vortex）。军用飞机经常利用列阵飞行减少能耗。目前，民用喷气式飞机出于安全考虑，还没有使用这种方法。但是，空客正在致力于这方面的研究，与其合作伙伴钻研在长途飞行中节能减排的方法（图17）。

到了20世纪中叶，对微型仿生扑翼飞机的研究越来越受到重视，其由于形体微小、机动性好且具有潜在的发展前景，受到高度重视。科学家针对鸟类、蜻蜓、蝙蝠等生物的飞行模式进行深入研究，参考翅膀的形状、拍动的幅度、拍动的频率及运动规律与升力的关系，根据数值设计出机翼在飞行时需要的高升力，实现像鸟的翅膀一样的飞行效果。针对微型扑翼飞行器的机动性，科学家们根据鸟用尾巴来适应各种飞行状态，研究出飞行器的垂直与水平尾翼来控制方向与高度，保证飞行器的灵活性。

（3）结构仿生设计

大自然给了人类造物以很多启示，而象征人类理性的科学，也开始注意到自然或生命的精致。随着仿生设计学的深入开展，人们不仅从外形、功能去模仿生物，而且从生物奇特的结构和肌理中也得到不少启发。生命系统能够为信息社会提供一个很好的模型，所有生物的生存都建立在一定强度、稳定度和韧性的结构基础之上，结构仿生设计是在了解生物自身内部组织模式和运作模式的基础上，通过科学提炼并把这些元素应用到我们的设计中。

结构仿生设计是研究生物体和物质存在的结构特征及原理，其主要研究的对象是植物的根、茎、叶等结构脉络，以及动物的形体、肌肉结构、骨骼结构等。

蝴蝶可谓地球上最精美的生物之一，但华丽的外表也掩饰了其复杂精细的翅膀结构。这些翅膀是蝴蝶高效飞行的利器，其上柔软的外膜和血管时紧时松，使蝴蝶能在任何飞行

图 15　乌贼与喷气式发动机

图 16　海鸟与可移动的机翼表面

图 17　大雁与飞机的列阵飞行

阶段都收放自如。空客的工程师已研发出可以在飞行中自动翻转的机翼，如果可以控制其转动，那么飞行效率将得到提高，能耗也会降低。目前，工程师们正在研究是否能够效仿蝴蝶的微毛细血管翅膀结构，在机翼设计中采用小型可移动表面及灵活的内部组件，从而提高飞行效率（图18）。

飞机的机身是由蒙皮包裹的，然后再将受力传递到翼梁和翼肋。同时，蒙皮的完整性也影响着飞机整体的气动性能。因此，蒙皮的强度关系到整架飞机的结构安全。数百年前，古人铁骑的战弓引发了飞机设计师的思索，为了适应马上作战，古人弓要做得短小精悍，但又要保证弓的强度。聪慧的古人采用了复合材料的方法，用水牛角和鹿腱来加强弓的强度。飞机设计师们由此获得启发，将玻璃纤维与铝合金相结合，完成了适应现代大飞机要求的复合材料。

（4）材料仿生设计

盥洗室是机舱设备中非常重要的部分。具有自清洁功能的荷花、苔藓等植物，表面上有一些微观的结构特性：荷叶表面的角质可以使其表面的雨水滚落并带走污浊，以保持自身的清洁与干燥，这就是"荷花效应"（the Lotus Effect）。荷叶的这种特性激发了人们开始设计一种仿生涂层。这种利用纳米技术来实现的仿生涂层，被运用在机舱设备涂层上。这种涂层可以使水分以滚珠的形式流走同时去除污物，提高了飞机的清洁度，同时还能省水、减重、降低能耗并减少碳排放。这项技术已经在空客飞机上的卫生间得到了应用。座椅和地毯材料的选择上也可以运用这项技术。

（5）肌理仿生设计

肌理仿生指的是人类借鉴自然生物的表面肌理以增强飞机的形态功能。肌理是指材料表面的纹理、构造组织给人带来的触觉质感和视觉质感，表达了人对设计物表面纹理特征的感受。肌理与质感含义相近，对设计的形式要素来说，肌理与质感相联系，一方面是作为材料的表现形式而被人们所感知，另一方面体现在通过运用先进的工艺手法创造新的肌理形态。肌理仿生不仅是一种外在视觉上的表象，更是一种内在功能性的需求。由于肌理仿生需要对材料学进行研究，要从自然界寻求灵感，其中，自适应表面的设计与开发更是飞机设计具备显著环境适应性的表现，所以仿生的范围从宏观扩展到微观的世界中。当今的民用客机，40%的阻力可归结于湍流边界层，连续的自适应表面可以破坏这层湍流然后消除蒙皮摩擦阻力。飞机表面顺气流方向的一行小沟——拉条，可以减少4%—7%的蒙皮摩擦力，但是拉条很容易损坏，是个重大的工程问题。德国弗劳恩霍夫研究所设计了一种

图 18　蝴蝶的翅膀与机翼结构

图 19　鲨鱼皮与飞机涂层

图 20　大黄蜂与 F/A-18 战斗机

涂层材料，模仿鲨鱼皮并加入了类似拉条的小沟，可以用蜡纸板作为飞机最外侧涂层，此涂料包含纳米件，保证它可以抵挡紫外线而降低温度（图19）。弗劳恩霍夫研究所表示该涂料应用到飞机上可以每年节省448万吨燃油。

肌理仿生随着材料学的进步而发展起来。2014年，美国加州理工大学展开了关于螳螂虾钳子的研究，从其复杂的结构中发现了螺旋状的矿化纤维层，可以起到减震的效果。研究团队利用新的碳纤维复合材料来模仿其螺旋状的结构设计，用作飞机框架，起到减震的作用。

（6）意象仿生设计

意象仿生是人类通过对自然的认识、熟知、思想沉淀过程之后，将这种观念赋予飞行器上。它的基础是依靠于形态仿生所形成的经验与情感积累，利用这种积累在人类记忆中形成观念去制造出一种效果。意象仿生往往不在意器物外形，而是通过外形所带来的文化符号传递一种思想，以此激发人们对生物的相关记忆。

意象仿生应用在飞机上，通过人们对生物固有的观念来隐喻飞机的某种特征。大黄蜂是美国研发的战斗机的代号。大黄蜂本是形体较大的一种黄蜂，战斗机以其大迎角飞行性能著称，正是因它擅长飞行的特点，所以将F/A-18战斗机命名为"大黄蜂"（图20）。人们可以通过早期对大黄蜂的认识所形成的记忆符号，去认定F/A-18这架飞机的飞行性能。

由诺斯罗普·格鲁曼公司生产的无人机全球鹰RQ-4A，也是意象仿生的典型例子。"素练风霜起，苍鹰画作殊"，鹰是鸟类中最凶猛的物种之一，它的眼睛具有超强的识别能力，所以将它的侦察性能赋予这架飞机之上。人们虽然没有根据鹰的形态来设计这架飞机的外形，但是意象俱在，人们可以从记忆里对鹰的印象，来感受RQ-4A的侦察能力。

第二章

Chapter-02

驾驶舱设计：世界上最美的办公室

飞机的驾驶舱，被看作是世界上最美的办公室，飞行员在这间办公室里驾驶着飞机遨游在天空之中，享受着浩瀚的苍穹、漫天的星辰、斑斓的银河、雄伟的高山，以及"天马当空，银河斜挂"的美景。

在1万米高空的机舱内工作，飞行员有着一扇与众不同的面向世界的窗户。驾驶舱是飞行员与飞机的接口，是飞机的控制中枢和智能终端，是飞行员获取飞行信息、控制飞机、与飞机进行信息交互的平台。

飞行机组整装待发的样子仿佛一幕生动的时尚大片，但这英姿勃发的背后关系着安全的生命线。民用飞机飞行机组的首要职责是操纵控制飞机，让飞机在玉宇无尘、银河泻影的天空中安全平稳地飞行。

一、当波音遇上空客

民用航空界，波音和空客是势均力敌的两家权威的制造商，一个几乎左右着美国联邦航空管理局（FAA），一个几乎左右着欧洲航空安全局（EASA），虽然两家公司在飞机设计的本质上殊途同归，即设计和制造出经济性、安全性、可操作性、维护性均衡的民用载人航空器，但两者在设计理念、判读和工作习惯甚至体制和法律的差异还是时时刻刻体现在各自公司对驾驶舱设计的每个细节中。

当波音遇上空客，是两种思维理念的碰撞，是两种思维模式的火花（图21）。

波音：我们传统的操作杆手感好，有掌控人生的感觉；

空客：我们有无力反馈侧杆技术，操作空间大，不受拘束。

波音：我就是飞机上的王者，自动驾驶辅助飞行，我说了算；

空客：完全电传，我们只需要给大脑一个信号。

波音：我们没有限制，机长拥有至高无上的权限；

空客：我们有多重保护，即使自动驾驶断开，也能自动接管飞机。

波音和空客最大的不同是设计理念的迥异，波音一直奉行"人定胜天"的原则，空客则遵循"人无完人"的设计原则。

波音倡导的是飞行员对飞机操控有最终决定权，波音的理念更偏向于飞行中飞行员占主导地位，飞行员是飞机的操纵者。

空客更相信机器，认为人是会犯错的，在飞行中电脑控制占主导地位，相对偏向侧重飞机驾驶系统，通过电脑控制人犯错的概率可以降到最低，飞行员只是飞机的"管理者"，飞行员的作用类似于飞行"码农"。

图 21 波音飞机和空客飞机的驾驶舱

波音和空客的"房间"里，最大的不同是波音飞机使用的是传统的中央操纵杆，空客飞机则为侧式操纵手柄。

波音保留传统的操作杆（Column），接近于传统飞机的布局，像是赛车的方向盘，也像游戏时的游戏杆，操作操纵杆的时候需要用劲，切实地感受到"洪荒之力"。波音认为操作杆必须实时显示飞机的姿态，并能回传一部分力，操纵杆给人的力道是模拟空气动力得来的，能够直接感受到力的传导和力的反馈，就像骑单车时，车头转弯时要用力，你能感受到路面反馈给你的力量，这种感受让飞行员飞得更有感觉，有操纵的快感，难怪说，开波音飞机可是个力气活儿呢！尤其是波音737，波音777和787则进化成电传操纵。在波音家族中，波音747、757、767、777的操纵杆风格一致，而737系列则另成一派、独树一帜。

最早的空客A310还是中央操纵杆，从A300之后取消了操纵盘，放弃了传统操作杆，现在的空客全系都采用侧杆操作手柄。起飞时，左手控制操纵杆，右手搭在油门上，张开双臂的感觉很像是在做扩胸运动。

机长左手和副驾右手各有一个操纵杆，但是如果两人同时操作，机长这个在电脑系统里默认优先权。手柄上的红色按钮或左右压杆10°以上时终止自动驾驶切换人工模式。

空客采用了无力反馈侧杆（Side Stick）技术，变成了侧杆电传系统，这样的变化进一步提高飞行员的操作空间，比如A320、A330、A340、A350、A380都使用该系统。因为电传感系统的操纵杆很灵敏，飞机飞行的姿态要拿捏得精准，飞行员就需要小心翼翼，遵循"少即是多"的原则。空客电传操纵有操纵法则：正常法则、备用法则、直接法则、机械备份。

遥想当初，A320问世时，这个侧杆操纵杆曾引起轩然大波，很多飞行员质疑甚至对其有抵触情绪，但是，观念也是在潜移默化中渗透的，经过几年的飞行实践，世界上几乎所有的航空公司都接受了这种侧杆操纵，并纷纷竖起大拇指来，这个改变得到了很多褒奖。空客的侧杆操纵杆的好处在于，一旦飞机发生正面撞击，可以对飞行员产生一定的保护，不受传统推拉杆的撞击。

电传操纵配置侧杆与中央杆的机械操纵相比有诸多优点，但也不是无懈可击。主要是由于驾驶杆和飞机受控面之间不存在机械连接，飞行员操纵时无法直接感受到飞机受控运动后的反作用力，无力反馈技术有点像夹娃娃机，你操纵夹子的时候，感受不到它夹娃娃时使用的力，提起来的时候你也感受不到娃娃实际的重量，使飞行员感觉匮乏，因此造成操纵过快、过量或难以及时做出修正。

坐在驾驶舱神圣的座椅上，飞行员可谓"全副武装"：飞行员是五点式安全带，像包粽子一样捆在座椅上，但除起降阶段外，巡航时一般也只插腰带即可。

从飞行员驾驶体验来看，虽然波音系的飞机操作风格复杂，上手难于空客，但是更加符合飞行理念，有些操作很人性化，波音更有传统驾驶乐趣，控制力道也大于空客，如果追求机械的力量感的话，就会觉得空客系飞机像使用傻瓜照相机拍照，练不出技术，体会不到飞行的乐趣，操作强度会比波音有所降低。

简明扼要一句话：空客＝自动挡，波音＝手动挡。

为了弥补操作反馈匮乏的不足，波音和空客都在考虑主动侧杆（Active Stick）技术，很有可能未来会趋向于同一种模式。

波音：我机械液压稳定牢靠；

空客：我有小桌板，吃饭方便。

波音：我落地有技术含量，彰显飞行员技巧；

空客：我有小桌板，吃饭方便！

波音：我拥有最高权限，我才是飞机的主人！

空客：我有小桌板，吃饭方便！！

波音：你能不能不拿小桌板说事了？

空客：我没有驾驶盘，不顶裆，坐着舒服。

波音：……

一直被空客家族津津乐道的"小桌板"是很体贴入微的设计，不仅可以用来写飞行日志，还是飞行员的餐桌。正是因为空客家族的操纵杆在侧边，小桌板在起飞降落时收起，平时拉出来使用，吃饭时可以放置食盒，巡航时记录一些飞行体会和心得，回忆"办公"时的点滴，这点常常被空客家族作为优越于波音家族的自信来源之一，因为波音的飞行员吃饭时就只能将食物放置在腿部或端在手上了，设计没那么细致入微。

空客家族的脚蹬设计也更合乎身体机能，飞行员平时巡航或者休息的时候可以把脚抬高，有利于血液循环，减少心脏病的发生。

空客人机界面简洁干净、一目了然，按键排列井井有条，布局简单大气，空间宽敞；波音有些繁乱，操作貌似复杂，而且737系列空间相对较窄小。

波音是有"骨头"的飞机，铰链系统就像是飞机的骨架，液压系统就像是筋脉和经络，能亲近它的力量，感受到力的传导；空客则更像是未来世界中对自动驾驶的认知。

波音就像德国车，看似不那么尖端，但皮实耐用；空客好比日本车，很多先进技术，但用料不那么实在。

波音古典、保守，空客时尚、创新。

波音系的飞机就像别人的男朋友，除了高富帅，定时的嘘寒问暖不会太过干涉你的生活和节奏，即使是自动驾驶，你也可以随时去解除电脑控制进行的干预，主要的驾驶权限还是在机长手里，机长对飞机有最终的掌控权。

贴心的空客系飞机就像是男朋友，侧杆、电传飞控、自动化程度比波音高，他才是主宰，不去打扰他就行，权限在他手里，有时候想他，会想"他在做什么呢？"关键是不能去干涉他，如果要去干涉，回复的就是"要你管？！"

1. 我们的出身不一样

就"出生"的时间而言，波音早，空客晚。对于两个"水火不容"的家族而言，波音用过的东西绝对禁止空客使用，每项设计都形成了专利，挂上了专属的小牌牌。空客也反其道而为之，成就了不同的风格，正如美系和欧系车都会体现这种差异。

比如波音驾驶舱拨动开关多，空客按键多；外部灯光的开关空客也采取了拨动开关的形式，但位置是和波音相反的。波音向前是开，向后是关；空客反之。加上各国计量单位的不统一，如：高度上的 3 万英尺就是 1 万米；速度上的 200 节就要乘以 1.852 等于 370 公里；波音放襟翼 5°至 20°，空客叫 1 至 3 档……

这种换算上的劳心费力不是没有带来过隐患：1983 年 7 月 23 日，加拿大航空公司的 143 航班波音 767 在蒙特利尔加油时，英制转换公制容量重量各种单位换算，这架使用千克计算燃油的飞机本应乘以 0.8 千克 / 升系数，然而加航一直用"磅"计量的机组错误地乘以 1.77 磅 / 升系数，电脑显示"加满燃油"而实际没有加够油就起飞，途中油尽，在 4 万英尺（1.2 万米）高空发动机空中停车，好在机长技高一筹，高水平发挥，操纵大型客机滑翔迫降成功，创造了当时民航机滑翔最远纪录。

波音是典型的美式风格，空客是明显的北欧风格。

美国文化的核心是个人主义，其实也就是实用主义。欧洲文化的核心理念是人文主义，肯定个人的情感、欲望的合理性，彰显人性，认为人是"宇宙的精华，万物的灵长"，以理解人为出发点。

在这个背景下，就会容易理解波音和空客在设计理念上的差别。对设计要素的优先级不同的排序导致设计理念上的迥异。波音飞机和空客飞机在设计理念上的对比：

序号	波　音	空　客
1	飞行员对飞机操控有最终决定权	飞行员对飞机的安全运行负责； 飞行员具有执行这一权力的足够的信息和手段
2	飞行机组的任务是：安全第一、乘客舒适第二、效率第三	驾驶舱设计应遵循的优先级顺序是：安全、舒适和效率
3	针对机组操作的设计应以以往的培训和操作经验为基础	驾驶舱的设计应考虑广大飞行员在以往飞机上获得的技能和经验
4	采取自动化是为了帮助飞行员，而不是取代飞行员	自动化应作为飞行员可用的补充，飞行员根据所处的情景决定何时对自动化降级和需要何种层级的协助
5	在确定飞行员优势、极限和个体差异时，正常和非正常两种状态均应考虑	人机接口的设计应考虑系统特征以及飞行员的优势和劣势
6	只有在下列两种场合才考虑采用新技术和新功能：1）对操纵和效率有显著的优越性；2）对人机接口无负面影响	只有在下列三种场合才考虑采用新技术和新功能：1）重大安全益处；2）明显的操作优点；3）满足飞行员的要求
7	系统应能容错	将最前沿的人为因素考虑引入系统设计过程，以控制潜在的飞行员差错
8	两位机组成员均对飞行安全最终负责	驾驶舱的设计应支持机组交流
9	设计考虑层次依次为：简单、余度和自动化	驾驶舱的设计应通过提高情景和状态感知以简化机组的任务
10		当需要时，应通过简单直观的动作获得全权，并且降低过分控制的风险

我们长得不一样

外形上，从驾驶舱的挡风玻璃形状可以判断是谁家的孩子，展现它们独特的容颜。波音的底部呈现 V 字形，就像是加了大 V 认证；如果挡风玻璃的底部是平的，就是空客家的。此外，空客家的飞机，最侧面的挡风玻璃呈现五边形。

有些客机驾驶舱的窗户是完全封闭的，但波音家族的 737 系列、757、767、777 和空客家族的 A320 系列、A330 和 A380 都有可以打开的窗户，在地面时可以打开，让人甜蜜地呼吸一下新鲜的空气。

由于谱系过于庞大，家族中也不乏长相奇异的另类分子。波音 747、787 和空客 A380 就和它的兄弟姐妹们长得不太相像。波音 747 很容易一眼认出，机头非常大，就像一只大白鹅，也好似子弹头，因为它有四个发电机，机头还有一层客舱。波音757则眼角眉眼下垂，不太开心的模样，传闻中的苦瓜脸；波音767和777像是一双孪生兄弟（图22）。

飞机的"耳朵"位置也不一样。"耳朵"是嗅觉灵敏的甚高频天线，甚高频通信系统是移动无线电通信中的一个重要系统，用于民用航空及海事近距离通信。波音飞机和空客飞机的甚高频天线的位置有区别。波音的甚高频天线的位置非常靠近飞机的中间部分，空客的甚高频天线的位置十分靠近驾驶舱，所以，从"耳朵"上就能分辨出飞机来自何家。

3. 我们的表情不一样

虽然拥有同样的"五官"，包括左右机翼频闪灯（Strobe Light）各一个，航路灯（nav light）左红右绿，尾翼和小翼有标志灯（Logo Light），起落架舱有轮井灯（Wheel Well Light），机腹和机顶的位置灯（Anti-Collision Light），机翼前缘襟翼内侧、前起落架的着陆灯（Landing Light），APU排气口上面的防撞灯（Anti-Collision Light），但是波音家族和空客家族的飞机表达喜怒哀乐时的表情不一样。

在黑夜中，可以通过飞机机翼尖处的频闪灯判断：如果频闪灯是闪一次就停顿，然后再闪一次又停顿，并且一直保持此频率，毫无疑问，它肯定属于波音家族；如果闪两次停顿，然后再闪两次又停顿，并且一直保持此频率，那么它来自空客家族。

4. 我们的构造不一样

驾驶舱控制器件是飞行员与系统交互的主要途径。驾驶舱内控制器件的数量相当可观，星罗棋布。

驾驶舱内的控制器件可分为飞行控制器件和系统控制器件，其中飞行控制器件主要包括驾驶杆（盘）、油门、襟缝翼手柄、扰流板手柄、脚蹬、起落架收放手柄、前轮转弯手柄等，主要分布于侧操纵台和中央操纵台；系统控制器件主要包括防火、液压、燃油管理、电气、空调、风挡加热、防冰、除雨、照明、压力调节、供氧等，主要分布于顶部控制板。

波音飞机驾驶舱的头顶面板包含灯光开关、APU启动开关、发动机启动开关和功能灯开关。整个面板从左上向右下，分别是（用贯口的方式深吸一口气）：飞行控制系统，导航信号源及显示，邮箱温度控制，油泵控制，摄像头控制，电力系统状态控制，电力系统显示，备用电源控制，地面外接电源控制，发动机电力控制，灯光亮度控制，散热控制，紧急出口灯光控制，禁止吸烟和系好安全带灯光和呼叫开关，窗户除冰及气压探测开关，机翼及发动机除冰开关，液压泵控制，各系统警告灯，驾驶舱录音控制，舱压表，舱压变化率指示，温度控制面板，通风系统控制面板，舱压控制面板……

图 22　波音飞机和空客飞机的驾驶舱外观

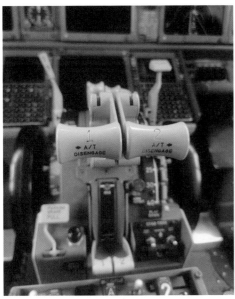

图 23　波音飞机和空客飞机的油门推杆

波音飞机推油门，起飞时推油门迅速加到 V1 速度，这叫起飞决断速度，意味着此临界点必须起飞而不能中断，否则会冲出跑道。

空客起飞推油门，发动机转速瞬间激增。空客油门杆极小，且不联动，设计上就不是让飞行员人工操纵的，所以平时建议自动油门接通（图 23）。

5. 我们穿得不一样

波音家族喜欢暖色调的米黄色内饰，空客家族钟情金属质感的冷灰色调内饰。

空客飞机的驾驶舱内饰始终坚持同一种风格，从 A320 到 A350，整体采用深蓝色和浅灰蓝色的色彩搭配，经典恒久远，一直永流传。

波音 787 飞机也紧随时尚的脚步，换上了最流行的时装，采用上部浅灰，下部深灰的颜色搭配，打破了传统的暖色调，加入了冷色调的设计，增添了高科技的质感，焕然一新，将"用"与"美"完美结合。

驾驶舱的"衣服"始终围绕着功能性展开，内饰要满足飞行员在驾驶舱内部空间的活动需要。功能优先原则主要从五个方面考虑：

功能类型	涵盖范围
操控功能	取物，开关空调，控制灯光，调节出风口，使用杯托、点烟器
乘坐功能	座椅的滑动、转动、升降、角度调节、拆卸、头枕调节、扶手调节，座椅加热、背托、模态记忆复位
储物功能	侧壁板区域、侧操纵台区域、天花板区域、窗框装饰罩
照明功能	驾驶舱内泛光灯、个人阅读灯、区域泛光灯、脚部照明灯
内饰造型	豪华气派型——配置奢华、做工精致、选材考究，如公务机和行政机 稳重大方型——造型平稳、功能齐全、做工精湛，如 A320 系列、波音 737 系列 市场定位——根据各个机型的市场定位和以往机型的共通性进行考量

民用飞机驾驶舱内饰设计的人机工程学要求：

序号	名　称	内　　容
一	可达性	涉及杯托、烟灰缸、垃圾桶、遮阳板和为其他设备提供安装支持的布置位。保证158—190cm身高的飞行员能够操作
二	易操作性	涉及飞行员小桌板、辅助手柄、遮阳板、垃圾桶盖等设备。 飞行员小桌板——考虑操作所需的力符合操作者的要求；辅助手柄——考虑人体手掌抓握的尺寸；遮阳板——考虑飞行员一只手就可以旋转操作；垃圾桶——考虑其翻盖手柄的易操作性
三	驾驶舱储物空间要求	① 飞行员行李储藏空间
		② 衣帽间
		③ 文件储藏盒
		④ 氧气和应急设备储藏空间
四	与其他系统安装接口设计要求	考虑驾驶舱其他系统在内饰上的安装，并为安装设备预留接口

6. 我们也有一样的

波音和空客两个机种，同样级别的机型无论是飞行原理、空气动力学、安全性、经济性、机身结构、操纵性、空间大小、客舱布局等基本是一致的，只是在细节上的优势各有不同。

总体来说，飞机驾驶舱的布局都采用飞行员坐姿操纵，各种装置环绕的布局形态。

现代民用飞机驾驶舱均是有人驾驶的，无人驾驶的飞机暂且只停留在科幻电影里。因此，飞行员处于核心地位，在"飞行员—驾驶舱—环境"的系统中，人在飞行安全或者应急事件处置中占据无可替代的地位。

民用飞机驾驶舱所有的相关设计必须以飞行员的操纵、观察能力、人身安全及主观感受等为宗旨，遵循以"飞行员—驾驶舱—环境"为主线的人机工程学原理，为飞行员创造和谐统一的驾驶舱综合环境，设计简洁易控的人机界面，综合考虑飞行员视野、坐姿舒适性、可达性等综合效能的空间。

通常来讲，安全性、高效性和舒适性是民用飞机驾驶舱设计中的工效学基本指标。

在飞控系统设计理念上，波音和空客几乎同时推出了 FBW 系统，分别在波音 777 和空客 A320 飞机上实施的方向不同，按照各种安全性能分析，波音 777 保留 pitch 方向的传统机械铰链作为备份飞控系统，空客没有选择保留机械备份系统。在正常模式下，波音和空客 FBW 电脑都是在一丝不苟地执行飞行员指令，只是空客对飞行员指令进行了限制，而波音认为机长具有无上的权限而不受限制，在 95% 的飞行操作中，两者性能几乎一致。而整个飞控系统的多重系统能将飞行故障率控制在 10^{-10} 内。

7. 用精确的数字说话

数字的精确度是驾驶舱设计的度量衡。民机驾驶舱设计以设计眼位为基准，以第 5 和第 95 百分位数人体的静态构造尺寸、动态人体功能尺寸和人体视域等生理参数为依据，对驾驶舱内的显示界面、操控界面等进行信息显示和布局设计。

除了人体构造生理参数之外，人体可视域也是民机驾驶舱设计的重要基础之一。人体可视域指人处于某一位置时，人眼所能观察到的空间范围，就是通常所说的视野，视野可以分为静视野和动视野。静视野指在头部和眼部固定不动的情况下，眼睛观看正前方无提示所能看见的空间范围；动视野则指头部固定不动而眼球可以转动的情况下所能看见的空间范围（图 24）。

通常情况下，人体在水平面的视野是：双眼区域大约在 60° 以内，最敏感的视力是在标准视线每侧 1° 的范围内，单眼视野在标准视线每侧 94°—104°。人体在垂直平面视野是：最大视野界限为标准视线以上 50° 和标准视线以下 70°，颜色辨别界限在标准视线30° 和标准视线以下 40°。

充分了解飞行员人体生理构造，是民机驾驶舱人机工效设计的基础。我国的人体测量学参数主要依据 GB/T 1000–1998《中国成年人人体尺寸》、GJB 2873–1997《军事装备和设施的人机工程设计准则》和 GJB 4856–2003《中国男性飞行员人体尺寸》，详细的人体生理参数见文献和相关标准。

8. 你中有我，我中有你

民用飞机驾驶舱典型布置分为主仪表板、遮光板、中央操纵台、顶部控制板和侧操纵台，所有飞机飞行状态、操纵部件和通信部件均在上述区域中安装。

驾驶舱显示系统，仪表板上通常包括：大块的屏幕是主飞行综合显示器（PFD），另一块大屏幕是导航显示器（ND），这两块大屏上的两个小钮是画面切换键、电子时钟、发动机指示和机组告警系统显示器（EICAS）、显示控制板（DCP）、光标控制板（CCP）、转换选择控制器（RSP）、远距离传感器（RLS）。

波音飞机的 PFD 上蓝下棕表示天地间，起飞后天际线随飞行姿态变化，左边垂直数字是空速指示，右边垂直数字是高度尺，下边半圆是航向指针，最右边是仰角角度指示；有三个传统仪表，在这样一个什么都依赖电脑的时代，备份的传统仪表让飞行员心理感觉踏

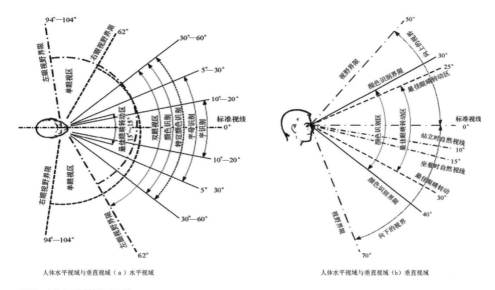

人体水平视域与垂直视域（a）水平视域　　　　　　　人体水平视域与垂直视域（b）垂直视域

图 24　人体水平视域与垂直视域

实很多，这三个表上面有个小小的偏航阻尼器。

空客飞机的显示屏幕位置和功效与波音大同小异，值得注意的是，波音综显仪上引导飞行和飞机姿态的黑色粉色箭头（俗称"扒粉"），在空客综显仪上变成了十字交叉的两条绿线（"追绿"），表示飞行姿态正在向右转向。

仪表板最上方这长长的一条就是传说中的自动驾驶仪面板（图25），两边有些ND屏控制钮。至于那两个红色方形的小灯，恐怕没有飞行员会希望它们闪亮，因为那是"火警与故障报警灯"。

波音中间的大屏叫作DUs（显示单位），屏幕内容上面一排是发动机动力输出（好似汽车转速表），下面一排是发动机喷气温度，右边上方是发动机警告信息，右下角是三个油箱的油量表。中间大屏上面几个小钮分别是自动刹车控制和襟翼指示器。大屏旁边那个发绿光的是起落架手柄，收放起落架归副驾操作，起飞后收起落架提起手柄就变红色了。

波音家族和空客家族在显示系统上均采用现代玻璃座舱的概念和布局的方式，只是在表现内容上有所差异，原因是两个家族的飞行操纵管理系统不一样，系统与飞行员"对话"的内容有云泥之别。比如，空客有飞行方式信号牌（FMA），空客飞行员要一直关注并报出FMA的任何变化；又如波音有趋势线的显示，转飞空客就很困惑，怎么没有这项功能？

波音飞机是全仪表盘泛光灯，自动驾驶仪没有泛光灯，只有发光文字；而空客的驾驶舱每一块显示器（PFD、ND、EICAS）都有独立的泛光灯。空客驾驶舱里面的灯光是按照蓝色、白色、琥珀色不同颜色作区分的，操纵的时候根据不同的颜色即可判断飞行状态是否正常，一目了然、清晰可辨。

另外，空客的仪表盘灯光调节电门在机长和副驾驶左侧与右侧的灯光面板上，波音的仪表板灯光调节电门在驾驶舱顶板中间（有一个Panel Light的旋钮），波音和空客都有阅读灯，在驾驶舱机窗上面（图26）。

波音的灯光主要由Fairchild和Rockwell公司生产，空客用的是通用电气公司的灯光；波音的驾驶舱灯光是180V的，空客的机载电压以24V为主。

波音飞机的中央操纵台包括减速扰流板拉杆、油门手柄、反推手柄、襟翼收放手柄、配平轮、减速扳手柄、停留刹车手柄、紧急断油杆和配平开关。

波音777、767、757、747的中央操纵台基本相似，737则大有不同；空客系飞机的中央操纵台基本一致。共通性的设计能让飞行员快速熟悉机型的互换，减少飞行员从一种空客飞机转换到另一种空客飞机所需的培训时间，为航空公司节约培训成本。

空客和波音这一部位哪个"卖相"好？我个人觉得波音中央操纵台的颜值高一些。究其原因呢，因为现在大部分客机是双发，因此对应两个油门手柄。但波音747、空客

图 25 波音飞机和空客飞机的自动驾驶仪面板

图 26 波音 787 驾驶舱显示系统

A340、A380 都是远程四发宽体重型飞机，所以油门杆是四个推力手柄。

空客的中央操纵台和波音一样，正副驾驶手边各有一个满是键盘的模板，叫作"飞行管控计算机"。长相都一样，只是叫法不一样。波音叫 FMC，空客叫 MCDU，就像你明明叫翠花，可是也有人叫你 Tracy。

二、创造超群绝伦的办公环境

在遇到大雾、暴雨，或是夜间，非低云原因的低能见度的气象条件下，是视景增强系统（EVS）展现神武之势的最佳时机，它可以帮助飞行员与恶劣天气"战斗"，以全副武装克敌制胜。

EVS 是一种前视红外（FLIR）摄像机系统，可在低能见度条件下为视觉引导系统（VGS）提供清晰的图像。这使飞行员能够在边缘天气条件下安全地继续滑行，起飞及进入飞行着陆阶段。

民用飞机飞行时间长、航程远，飞行员需要进行长时间视觉作业，因此，民用飞机驾驶舱的光环境与飞行安全紧密联系。合理的驾驶舱泛光照明能保证飞行员看得快、看得清，又不易疲劳。

民用飞机驾驶舱的光环境通常可分为外部光环境和内部光环境。外部光环境主要来自太阳光、机场外部灯光等，外部因素不仅要考虑白昼时的阳光明媚与黑夜时的漆黑一片，还要考虑穿云或闪电时的亮度瞬变；内部光环境主要有驾驶舱灯光照明、导光板光、机载显示设备光、内饰材质的反光等。

驾驶舱典型的光环境下，综合考虑外部光环境与内部光学设备间的兼容性影响，做到光环境人机工效下实现实用与美观的极大集成（图 27）。

对于外部光环境，可采用设计合适的遮光板、遮阳帘等方法减弱其带来的影响；对于内部光环境，内部照明系统设计的总原则是在保证飞行员看清各操纵面板的前提下，尽可能使光线柔和，避免眩光，提供舒适的光环境。通常需要通过驾驶舱照明灯具的布置设计和光色选择减弱其影响。

驾驶舱的颜色对提升飞行员警觉性、集中注意力、空间感知等方面具有显著影响。泛光照明和局部照明也是为了给飞行员创造一个良好舒适的视觉环境，保证飞行员在各种亮度环境下能准确、清晰地判读所有显示信息，减轻飞行员的视觉疲劳。

从心理学角度看，光色舒适性与照度水平具有一定的关系：在很低的照度下，舒适的照明光色是接近火焰的低色温光；在偏低或中等照度下，舒适的光色是日出后、日落前色

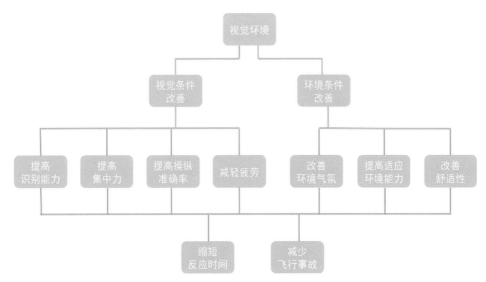

图 27　驾驶舱光学人机功效集成设计

图 28　波音飞机和空客飞机驾驶舱内部照明

温较高的光；在更高照度下，舒适的光色是接近中午的日光；蓝白光照明辨认色标比白炽灯光有利；蓝白光照明判读工效比白炽灯光好。因此，仪表板、左右操纵台、中央操纵台和顶部控制板采用导光板显示，并且使光色和亮度可调。

夜航时，较长时间处于黑暗环境下，视网膜细胞如果突然受白色刺眼灯光照射，会出现暂时视盲。就像晚上突然把房间里的灯关上，人眼会感觉一片漆黑，随着时间的流逝，眼睛慢慢适应，便能渐渐看到。飞行中如果驾驶舱灯光过亮，再看窗外时就会什么也看不见了，这比较危险。

研究表明，暖色灯光尤其是红色对眼睛的夜视力影响最小。所以驾驶舱仪表、按钮的背景灯都会选择暖色，而因为红色是警告用的颜色，各种最高级别的危险警告灯都是红色的，所以不可能用红色来做背景灯，就选了黄色。

一般飞行时，尤其是着陆前半个小时，会尽可能把驾驶舱内所有灯光调到可接受的最暗亮度，以保证着陆时的飞行员夜视力。值得一提的是，驾驶舱其实是"暗箱"设计，设计初衷是尽可能地关闭所有照明灯光，此时，任何突然亮起的灯光都代表有问题，能够让驾驶员第一时间注意到（图28）。

一个优秀的驾驶舱照明环境工效设计，既要使安全运行所必需的每个仪表、操纵控制器件或者其他设备易于判读，还必须采取措施遮蔽直射驾驶员眼睛的光线，并且不能存在对驾驶员有害的反光，否则，不舒适的照明环境容易引起驾驶员的视觉疲劳，从而影响飞行员的心理或生理活动，直接影响飞行安全。

飞行员拥有以令人惊叹的角度观看和体会机舱与天空的机会，他们是迎着朝霞第一个摘星的人。飞机的驾驶舱，是一个令人心驰神往的神秘空间，腾空而起的雄心飞扬，穿破云层的凌云壮志，与星河触手可及的约会，与星辰遥相辉映的悸动都在此一一实现。

伴随着飞机向快速、远程、大型化的方向发展，驾驶舱也经历了从简单到复杂，从全机械仪表、手柄开关到机电仪表、灯光音响信号和电门按钮的演变。随着数字电子技术的发展，显示技术应用于飞机驾驶舱，并逐渐发展优化。对于民航客机而言，飞行安全是生命线，任何一项新技术的采用，都要经过严谨的试验来验证其可靠性。航空领域的科学家们正在将培育的新技术应用到飞机的驾驶舱中。

第三章

Chapter-03

客舱内饰设计：
"用"与"美"的极大集成

一、舒适感至上

航空不仅是一种交通运输方式，而且逐渐变成了人们的生活方式。每年，几千万架次的民航航班把人们带往世界各地；每天，十几万个航班在我们头顶飞过，实现地球村的无限连接。

在选择民航航班时，越来越多的乘客除了关注时刻、票价之外，也越来越重视飞行的舒适性。对于航空公司而言，机票的销售在某种程度上受舒适度的影响，为乘客提供更加舒适的旅行体验是在竞争日益激烈的现状下制胜的法宝。

好的心情，很难用理论表述清楚。舒适感是使人的内心和身体感觉舒服的某种存在，有许多适意的感觉实在很难用语言来表达。

影响舒适度的可能性分布在你即将出行到抵达目的地的各个阶段，网站、宣传册、以往的飞行体验、朋友圈的评论都会给人一种期待，期望值是第一步，从而影响舒适体验。

舒适过程的不同阶段	改进的可能性
期望值	优化宣传册、网站、登机系统、座位选择
第一印象	令人愉悦的进口、美观的客舱装饰、宽敞的座位空间
短时舒适	机组人员积极的关注、一件专属你的小礼物
短时不舒适	座椅感觉良好，没有障碍、没有压力、身体没有压迫感
长时舒适	来自机组人员超出预期的热情关注、流行电影、良好的视觉效果、乘客进行某些活动的可能性
长时不舒适	有变换姿势的可能、合理的形状、座椅的缓冲性
恢复或确认	告知乘客这次不愉快的经历只是一次异常，为乘客提供申诉的可能性，或者肯定这次的愉快飞行体验

客舱内部至少应该达到乘客习以为常的舒适程度，而是否感觉舒适与乘客的经历和习惯有关。心理状态也会影响乘客对舒适感和不适感的体验。

视觉信息在舒适感体验中扮演着很重要的角色，是影响舒适感的第一印象，人看到一个物体的形状、大小、光泽度和亮度，然后就对它的舒适性形成一种印象。这种视觉印象不具有客观性，只是一种心理反应，就比如当物体由轻质材料制成时，看起来可能更平滑。舒适感不仅仅受样式和外表的影响，颜色也会起作用。

气味同样影响我们对舒适性的感知和认识。气味甚至影响我们的性行为、攻击性和自我防卫行为。我们能感知某些气味，气味能向我们警示危险。我们能闻到食物的腐坏味儿或对远处大火的烟味变得警觉。在飞机客舱内，当你的邻座放屁时，你会不自觉地把身体移开来以躲避这种恼人的气味，因为在难闻的气味中你是很难感觉舒适的。

噪声会对舒适感有正面影响，或对不适感有负面影响。比如，水沸腾的声音会告诉我们做饭的进度。在飞机上，声音可以使我们感觉舒适。在起飞过程中，引擎发出的噪声是意料之中的，在飞行达到巡航高度后，乘客会意识到发动机噪声的降低，噪声对舒适的影响超过了符合身体特征的座椅的影响。

温度和湿度也和舒适度有关。空调、室内温度、湿度等经常和舒适性联系在一起。令人愉悦的室内环境往往不会被人注意到，但是过高或过低的气温却会引起人们的注意，让人感觉不舒服。

有很多研究显示压力和不适的关系，我们皮肤上有传感器来感受压力。

一般来说，座椅或扶手和人体之间压力的均匀分布会减少不适感，除了压力，我们还有触觉，座椅扶手的质地和纹理结构也会对舒适感有影响。

影响不舒适的因素及整体舒适性评判间的伽马系数

腿部空间	54	噪声	41
座位硬度	54	前后移动	40
座位宽度	52	突发下降	35
座位形状	51	空气流通	31
工作空间	49	转向	28
侧向活动	48	照明	27
座位调整	47	温度	27
上下活动	46	压力	26
一般振动	44	吸烟问题（烟雾）	23
突发颠簸	43	气味（臭味）	15

资料来源：Richards，L.G.，&I.D.Jacobson.1977.*Ergonomics*（《人体工程学》）

1. 影响客机客舱舒适性的因素

客舱舒适性来源于乘客的乘机体验，进入飞机的那一刻你就会产生第一印象。第一印象在飞行中会影响舒适体验。影响客舱舒适性的因素有很多，比如说座椅的设计、座椅排距、内饰、照明和娱乐系统等。

影响乘客乘机舒适性的因素

硬件	座位、客舱娱乐系统、储存空间、卫生间、客舱内饰、空气/舱内环境、飞机的运动、噪声
软件	餐食/饮品、卫生、烟雾、延误、信息、机组
人文因素	机组、邻座乘客、个人特点
声誉	环境

资料来源：Konieczny,G.2001. 柏林科技大学博士论文

（1）让身心放松的座椅

座椅是否舒适是决定乘机舒适性的重要因素，研究表明，座椅舒适度水平取决于下列因素：

序号	影响因素
1	座椅可否后倾便于阅读
2	座椅是否能适于坐姿的改变
3	是否适于不同体型
4	座椅是否具有理性的压力分布（可能通过智能座椅感知压力并自动调节）
5	椅面无剪力
6	能够在座椅上舒服地进行各种不同的活动
7	第一眼就让人产生惊叹的感觉
8	包括让乘客双脚离开机舱地面的可能
9	让人感觉靠背符合人体曲线
10	是否方便调节（也许需要通过使用电子装置）

除了靠背后倾和促进振动的装置外，无论身材娇小的亚洲女性还是挺拔高大的北欧男士，都应该感觉到座椅的舒适性（图29），这是座椅设计的指导原则。在航空工业领域，根据波音的空间舒适性原则，座椅的厚度决定了乘客可利用空间的多少，座椅厚度一般定为A、B、C、D四个等级，比如，膝盖处的椅背厚度少于2.54厘米时被定为A级，那么坐在后面的乘客可利用的空间就相对多一些。

	等级			
	A	B	C	D
腿部空间				
1. 膝盖处的座椅厚度（距地板 63 厘米）	<1"	1"～2"	2"～3"	>3"
2.60° 胫部空隙距坐姿参考点（SCRP,Seat Cushion Reference Point）	<0.8"	0.8"～1.7"	1.7"～2.5"	>2.5"
3.45° 胫部空隙（自 SCRP）	<0.5"	0.5"～1.2"	1.2"～1.9"	>1.9"
背部空间				
4. 腰椎深度	<0.5"	0.5"～0.8"	0.8"～1.1"	>1.1"
5. 肩阻高度	>25.8"	24.8"～25.8"	23.7"～24.8"	<23.7"
工作、吃饭及视觉空间				
6. 椅背上部厚度	<1.5"	1.5"～2.5"	2.5"～3.5"	>3.5"
7. 头枕厚度	<1.5"	1.5"～2.8"	2.8"～4"	>4"
8. 座椅靠背间的距离（距 SCRP70 厘米）	>4"	3"～4"	2"～3"	<2"

根据波音的指导原则，座椅舒适等级所需的椅背厚度和空间（表中单位为英寸，1"=2.54 厘米）

（2）排排坐，怎样更舒适

客舱舒适度的一个关键指标是座椅排距，即前排座椅和后排座椅之间的距离。座椅排距影响着旅客腿部和下肢的活动空间，目前，支线飞机的经济舱座位排距为71.12—83.82 厘米。乘客都希望获得更大的座椅排距和更宽敞的座椅，高密度经济舱的座椅排距为71.12—73.66 厘米，经济舱的座椅排距为 76.2—81.82 厘米，公务舱的座椅排距为86.36—91.44 厘米，头等舱的座椅排距为 96.52—101.6 厘米。

在座椅厚度相同的情况下，座椅排距越大，舒适性越高。为了提高舒适性，目前许多航空公司推出超级经济舱，增加乘坐空间，极大提高座位的舒适性，而机票价格却增加不多，因此得到了不少旅客的欢迎。对于长途飞行的旅客，航空公司尽量增大座椅的排距，这样腿部空间也会加大，避免腿部长时间保持紧张的姿势，旅客身心的紧张能够得到一定的缓解。

对飞机客舱的空间舒适性要求还包括天花板高度、旅客入座高度、座椅宽度、旅客观察窗。其中，在单通道飞机中，客舱天花板的高度约为 2 米，前后服务区天花板可设置比客舱天花板略低。双通道飞机的天花板高度可根据实际需要设置，比单通道更高。

图 29　CR929 宽体客机展示样机头等舱座椅

图 30　国航空客 A350 飞机彩虹灯光模式

（3）色彩与光线的协奏曲

灯光的魔力可以为枯燥的旅程带来变化和惊喜，营造舒适感和方便度，照明光的照度和色彩会影响人的生理和情绪。小小的灯光，通过不同颜色的变换，可营造不同的氛围，为平淡的航程增添情趣。

飞机上的灯光如果刺眼就会令人反感，合理地选择光源的颜色和亮度，可以有效地减轻压抑感。越来越多的航空公司开始重视客舱照明，并将其视为空中服务的硬件基础。

视觉的舒适性很大程度上取决于照明质量。照明质量是指客舱的亮度分布，涉及观察区域的对比度。当前，LED 照明系统已经发生了一些变化，在登机的不同阶段、用餐或购物场景过程中，随着使用情境的变化而变换（图30）。

厦门航空的波音787 梦想客机每当降落时便会开启其最具特色的彩虹灯，机舱立刻呈现赤橙黄绿蓝靛紫七彩的斑斓颜色，让人耳目一新，为旅程画上圆满的句号（图31）。

冰岛航空公司的波音757 飞机主客舱的北极光灯光设计（图32），机舱内的电子LED蓝光色调是为了表现出冰洞里面的氛围，让旅客恍如置身于该处，独一无二的 LED 照明系统给乘客提供了一场视觉盛宴。

当我们步入飞机客舱的那一刻，魔幻灯光的开关便已开启。登上飞机，明亮温暖的香槟色灯光照亮整个机舱，轻松而愉悦，温馨而和煦的氛围油然而生，旅程的舒适感便会腾然提升。

客舱的琥珀色情景灯光类似于烛光，像置身于高级餐厅享用米其林美食，当你在高空中没有胃口时，这种舒心的照明设计如一缕柔和的亮光进入视线，瞬间唤醒你的味蕾，让你大快朵颐。

新加坡航空公司波音777–300ER 客机的头等舱，开发了兼具时尚感与功能性的阅读灯，灯光颜色和强度都通过大量的实验挑选出最理想的状态，营造出一种有助于阅读或工作的氛围。

阅读时，柔和的淡黄色灯光打在书本上，阅读灯还可以调整照明亮度和角度，就能愉快地启动与文字的美丽邂逅。

在飞机上过夜时，有时要饱受时差的折磨，睡眠的质量直接影响到隔日的精力是否充沛，在客舱内调试不同的颜色和强度的灯光能帮助解决睡眠问题，以适应时区变化，增加舒适感。

飞机客舱的照明系统模拟日出日落的情境，甚至将机舱化身为星空，让乘客睡眠更加心旷神怡。当夜幕降临乘客准备休息时，客舱内的灯光逐渐转为暖黄色的夕阳般的温暖，最后变暗变黑，与黑夜交织，融为一体。到了需要起床的时候，贴心的灯光会从黑暗转变为日出时的粉红色，随后呈现出暖黄色，最终恢复较高的照明亮度来满足唤醒的需求。

图 31　厦航波音 787 飞机彩虹灯

图 32　波音 757 飞机客舱北极光灯光设计

图 33　维珍航空公司波音 787 飞机客舱情绪灯光系统

英国维珍大西洋航空公司的波音 787 飞机客舱，特别设计了一款带特殊控制、首度在飞机上使用的情绪灯光系统。它在不同时段设置了五种不同灯光的颜色，登机时是香槟粉色，分发饮品时是粉紫色，用餐时是琥珀色，夜晚睡觉前的时段是另一种琥珀色，睡觉期间利用灯光模仿月光般的银色，创造月亮与银河共同陪伴入睡的美感。醒来的时候，它又换成另一种较为醒目的色调。这是一种精致的视觉体验，可以为乘客带来一种空间感和舒适感（图 33）。

飞机上还存在着一种不常见却很重要的灯——应急灯光。应急灯光包括出口标示灯、滑梯灯、走廊灯、地板灯、应急圆顶灯等，当飞机失去主要电源时，应急灯会自动点亮，以便旅客能够在可见的情况下离开飞机。

（4）头等舱的设计

客舱内饰设计与客舱舒适度密切相关，客舱内饰设计的目的是为乘客提供舒适的乘坐环境。飞机客舱不仅是一个公共的空间，在满足通用性设计的同时，更需要满足乘客主观上对于舒适度的需求。

头等舱无疑是飞机客舱中体现舒适性的最佳场所。这是一间开在 1 万米以上高空的空中套房，乘客能享受在云端之上最舒适最尊贵的飞行体验。

航空公司根据机型差异，拥有不同规格的头等舱，总共合计约有 70 种不同类型的头等舱配置。

头等舱于你而言，是绝对的私人空间，抑或是完美的舒睡体验，还是舌尖上的极致享受？

一直以来，大众对于飞机上前舱的认知，仅仅停留在吃得好一点、座位宽一点；对于头等舱和商务舱的比较，吃得喝得再好一点，座位更宽一些。

上述理解并没有错，打个确切的比方，这有点像盖房子：飞机的机型就像是地基，划分三舱布局的时候就像在规划房间的大小，如果是土豪，在装修时出手阔绰，两舱面积占去机舱整个面积的一半，那就好比你买的是一个大平层；接下去该找个设计师，把房子给好好设计一下，构思怎么装修，于是现在大家就看到了同个机型上各个航空公司不同的座位配置和风格；这些部分构成了硬装部分，然后剩下的餐食和服务也就是软装部分。

头等舱相比商务舱而言，硬件部分大小从一室户升级到了一室一厅，附带的布艺沙发升级到了真皮沙发，最后还来了个 56 寸高清电视机外带 WI-FI 功能。软件部分呢，从五星级酒店自助餐升级到了米其林三星水准，酒的价格翻了几倍，服务生基本都是一对三、随叫随到的贴身管家式服务了。

民用飞机并不是每种机型可以配置头等舱，比如单通道六座的"小飞机"，售票系统上虽然标着 F（The First-class Cabin），卖票的时候虽然也叫头等舱，但此"头等舱"非彼"头等舱"。

一般而言，双通道且超过 200 座级的"大飞机"，才能拥有舒适无比、奢华惊艳的空间。

中型客机麦道 90、空客 A320、波音 737、波音 757 等机型的头等舱在经济舱前面，每排四座；大型宽体客机空客 A300、波音 767、波音 777 等机型的头等舱在机头部位，波音 747 的头等舱在二层。就空客而言，如今还在飞的洲际航线中，汉莎航空的 A340-600、瑞士航空的 A340-300 以及阿提哈德航空的 A330-300 还配置头等舱，剩下的头等舱均被配置在了 A380 上。

空客 A380 已于 2021 年寿终正寝，虽然商业上"英年早逝"，但它从技术上讲无疑是成功的；从情怀上讲，能够搭乘 A380 环游世界一直是飞友们的孜孜追求，A380 客舱配置的豪华和舒适、飞行时的安静和平稳、空乘的专业和热情，让长途飞行充满了愉悦和温馨，它带给我们的辉煌光芒仍旧历历在目，璀璨耀眼。

我们再来介绍一下来自中东的三杰，金光闪闪的三兄弟——阿联酋航空（EK）、卡塔尔航空（QR）、阿提哈德航空（EY）。

阿联酋航空公司的头等舱可媲美私人飞机，被视为世界顶级的飞行体验之一（图 34）。头等舱为移门式小包厢设计，土豪金配色遍布整个舱位，贯穿于移门、座椅、小桌板、屏幕几乎所有细节中，这种金光闪耀的中东风情独树一帜，一旦头等舱套间门关闭，乘客就处在一个非常奢华的尊享世界，好似一个全封闭的酒店房间，配有温度控制、情绪照明系统、皮革座椅。首开先河的空中酒廊和空中沐浴 / 水疗中心让阿联酋航空的 A380 成为业界标杆，就此赢得了"土豪航空"的美名。

卡塔尔航空公司成立于 1993 年，作为卡塔尔航空机队中唯一配备最新头等舱的机型，空客 A380 曾经无疑是卡塔尔航空引以为傲的旗舰。

与阿联酋航空金光闪闪的土豪风不同，卡塔尔航空整体呈现出一种低调的奢华，淡色系皮革搭配深色木质和黄铜装饰，独立的台灯设计，映衬在酒红色的室内氛围灯光下，显得非常高贵典雅。座椅采用开放式一百二十一排列的舱位设计，头等客舱有八个座位，取消了行李架，提升了客舱空间，具有犹如进入殷实大户百年老宅般的仪式感，典雅庄重（图 35）。

你可以和小伙伴面对面坐在有"座椅界的爱马仕"之称的座椅上，享用到采用搭配洋葱末、酸奶油、碎鸡蛋等传统方式烹调的令人垂涎欲滴的极品珍馐——鱼子酱，为了避免鱼子酱触碰金属后变味，你吃鱼子酱的小勺是特制的贝母质地。

图 34　阿联酋航空空客 A380 客机头等舱

图 35　卡塔尔航空空客 A380 客机客舱内部

稍事休息后，乘客可以去位于二层的商务舱后部的机上酒吧消遣闲暇时光。分居两侧的设计有利于扩大空间，弧形吧台煞是好看。

浴室的设计格调同样非常出色，隐藏光带的运用巧妙无比，高级感十足。

吃完早餐后再喝杯咖啡提提神，把睡衣换下来。客机已经开始下降高度，客舱的灯光全部亮起，遮光板也都自动收起来了，难忘的旅途进入尾声。

同样来自阿联酋的阿提哈德航空虽然是家里的小弟弟，不过其在头等舱的设计方面似乎比两位老大哥来得更为创新与激进（图36）。

假设你从迪拜出发，乘坐的是阿提哈德航空的"空中官邸"，那么你不需要自己去机场，会有豪华轿车到酒店接你，提前抵达阿布扎比机场。工作人员会在机场门口迎接，并帮你办好登记手续，一路领你到休息室，在登机之前就充分感受舒适服务。

当你到达登机口，你的私人飞行管家已经在等你了。他／她在起飞前已经研究了你的喜好，了解你的习惯，以期为你提供最好的服务。你的客厅位于外侧，采用Portofina式座椅，可供两人对面用餐。当你收拾妥当，准备好吃晚餐了，你的私人主厨会把印着你名字的个人定制菜单递给你，并为你介绍今天的菜品。

如果你在晚饭后想要换下衣服，可以到你的私人洗手间或私人淋浴间更换，顺便洗去一天的疲乏。在这期间管家会帮你挂好衣服，并为你铺好床铺。你的卧室里是一张2米的双人床，并跟客厅一样配有27寸的电视。第二天当你醒来时，如果不想起床，就按铃呼唤你的管家，他／她会帮你送来早餐，你可以在床上享用鱼子酱配香槟的至臻美味。

来自东南亚的两姐妹——新加坡航空（SQ）、泰国国际航空（TG），简洁舒适，也给乘客带来心灵的舒缓和灵魂的放松。

新加坡航空公司A380的头等舱，座椅是全真皮的，可倾斜45°，也可以根据功能需求调节方向，调节按钮就在你的扶手上，按下按钮，你就可以将32寸的电视显示屏转向想要的方向，一边点开一部电影，一边享用空乘给你送上的香槟，真是无与伦比的享受（图37）。

你可以在登机24小时前通过官网点餐，也可以在飞机上从菜单中选择餐品。饭后想要整理一下妆容，洗手间宽敞无比，梳妆台上准备的是Lalique的EDT、润肤露和面部喷雾，还有香烛可以作为手办带走。

当你回到套房，床已经铺好了。平时床会被折叠收于隔板的一侧，空乘会帮你把2米的床板拉出，铺上温馨的床上用品，最后还会放上两只新加坡小熊。如果你是跟爱人一起出行，订的是一二排可连通的双人套房，那么中间的隔板是放下来的，空乘会帮你们铺一张温馨的双人床。只要把滑动门关闭，一键关上窗帘，调节好灯光，9000米高空的梦乡欢

图 36　阿提哈德航空空客 A380 客机头等舱

图 37　新加坡航空空客 A380 客机头等舱

迎你。

泰国航空公司的"皇家头等舱"秉承舒适性的宗旨。泰航的空客 A380 头等舱共有 12 个宽度达 27 英寸（68.58 厘米）的座位，采用半封闭式的包房（图 38）；泰航的波音 747 头等舱拥有 23 英寸（58.42 厘米）宽座椅，180° 平躺床，平板电视，500 张音乐 CD，当然，还配有香醇可口的冰镇香槟。

每个座椅的纵向空间感十足，足足跨越了三个舷窗的距离。盥洗室的空间也很大，非常干净，黄色的座椅整洁舒适。

温婉可人的东亚"五朵金花"就更加柔情似水了，它们来自日本的全日空（NH）和日本航空（JL），韩国的大韩航空（KE）和韩亚航空（OZ），中国香港的国泰航空（CX）。

在全日空航空 A380 的头等舱中，你可以享受到 48 厘米的宽大舒适的座椅，远离经济舱的拥挤之感，27 寸的娱乐系统大屏幕，享受属于自己足够的私密空间。收纳、插座、各种控制系统你都触手可及。座位的前方台子上，为你整齐地摆放着化妆洗漱用品与羊绒睡衣。

从登上飞机那一刻开始，你可进行酒水的点单，酒水还配有精致下酒菜。当飞行平稳，你便可以开始享用全日空赫赫有名的特色主打——"不以香气诱人，更以神思为境"的怀石料理了。其基本配置是一汁三菜和各种小品搭配。料理摆盘、餐具的形式与味觉的搭配更是规则繁多、精益求精，以期追求美食的最高境界。

正餐之外，飞机上也提供各种方便的餐食选择，其中包括日式咖喱饭、一风堂拉面、烤青花鱼配饭等，听着都让人垂涎三尺。饭后的主餐有西餐和怀石共八道菜 19 品，以及餐后甜点水果和最后收尾的伊藤园抹茶与茶点，整个就餐过程简直就像是一列五味杂陈的味觉火车，在嘴里来回翻滚，痛快极了。

酒足饭饱之后，空姐就会将纯羊绒睡衣分发赠送给你，还会为你铺好床垫和被子。这时你可以戴上客舱提供的 Sony 降噪耳机，躺在酒店豪华套房一般的床上（可 180° 平躺的座椅），美美地睡上一觉（图 39）。

历经 10 多个小时的漫长飞行，飞机平稳降落。当飞机打开舱门，头等舱旅客优先下机。经过没有排队的入关检查，到达行李提取大厅时，你会发现你的行李已经端端正正地躺在转盘上等候提取。从出机舱门到出海关，只用时 15 分钟便能完成整个入境流程。

全日本空输株式会社（ANA All Nippon Airways，简称全日空）是日本最大的航空公司。带滑动门的私人小屋是全日空最大的特色，他们利用高高的板墙在天空中创造了一个木制小海湾，确保乘客在旅程中不会被任何机组人员打扰。这个设计充分彰显了日本美学中"间"的理念。

图 38　泰国航空公司空客 A380 客机头等舱

图 39　全日空空客 A380 客机头等舱

日本的另一家航空公司——日本航空公司（Japan Airlines）的头等舱座椅可以转成一张宽大舒适的床，座椅的置物空间也非常充足，细节处的精细考量，给人宾至如归的美好感受。

大韩航空的头等舱风格更加鲜明，时尚的客舱设计、精致的照明设备和别具一格的空中酒吧营造出五星级的空中之家。招牌蓝色舒心、淡雅，被运用得恰到好处，半开放式的空间更适合结伴出游。座椅看似平淡无奇，实则内含乾坤，最显著的一点是长！其纵向占了四个舷窗，小巧的人坐下，脚根本够不到脚凳；座椅宽度也值得称道，纤细的人可以在上面小小地翻滚一下。

韩亚航空 A380 上带移门的 12 个"豪华商务舱套间"足以媲美同行们的头等舱。座椅非常注重私密性，方正的设计空间感绝佳。另一大特点是配套的电视屏幕巨大，为整个旅程带来震撼的视听感受。配备的毛毯、睡衣、被子、备品、耳机，一一摆放得非常整齐，可谓一应俱全。

国泰航空是中国香港的旗舰航空公司，其头等舱展示了一流的高端配置。真皮座椅可以伸展至宽阔平铺的睡床，提供舒适的手动控制按摩，而 500 针数的羽绒被可在床铺平放时保持温暖，更有助于乘客入眠休息。当你在 17 寸的个人电视屏幕上享受娱乐时，热气腾腾的茉莉香米可以直接送到你的座位上以供享用。

再介绍几位历史悠久的"欧洲绅士"——法国航空（AF）、英国航空（BA）、汉莎航空（LH）。

法国航空头等舱的名字很信、达、雅：La Première Class，其优雅十足的配色很具法兰西风情，冷白色的配色属性高级，一下子提升了品位，犹如从容无比的法国女人。占四个舷窗纵向深度的座椅也足够乘客们肆意舒展。之前被无限吐槽的"20 世纪的产物"的个人娱乐系统有了质的飞跃，电视屏幕从尺寸、清晰度和互动性都进行了完美升级。

弧形座椅，半包围式空间格局，大量留白设计，还有将家庭的温馨感移至飞机客舱，这些小细节不露声色地展现了法兰西的浪漫之处及深入骨髓的优雅气息（图 40）。

英国航空的头等舱商务感十足，就像一位头戴礼帽的谦谦君子，反鱼骨的设计使得空间大、舒适度强、私密度高，这些在细节上的精雕细琢一贯是英式风格的不懈追求：腔调满分的百叶窗、腔调接近满分的旋钮式控制系统、腔调还不错的氛围灯光设计，无不透露着精致。

德国的汉莎航空是许多人心目中尊享服务的典范，头等舱更是庞大汉莎帝国皇冠上永恒的明珠。

汉莎航空最好的头等舱是波音 747–8i——号称"空中女皇"客机。头等舱设置了八个

图 40　法国航空空客 A380 客机头等舱

座位，空间十分宽敞。BOSE 降噪耳机也是头等舱的标准配置，座椅可调节的姿势非常多，并可以变成一张大床。座椅周围有一圈可以升起的隔板，完全保障你的隐私。起飞前，客舱灯光调暗，娱乐系统开启，丰富的电影种类供你选择（图 41）。

平飞后不久，晚餐服务开始。首先提供的是香槟和气泡水，还有餐前的小食：番茄冻和羊奶酪配青酱。前菜和甜点采用的都是餐车服务，而主菜是直接从厨房供应。你会品尝到汉莎头等舱的经典菜式——鱼子酱，餐后，你还会拿到一小盒精致的巧克力。

酒足饭饱后，空乘会过来帮你把床铺好。本就柔软的坐垫上又增加了一层床垫，格外舒适。床铺放平后长度近 2 米，几乎与一张单人床的尺寸相同。帘子质地非常厚重，拉上帘子，在完全阻隔灯光后你就能进入梦乡了。

2. 舒适感升级法

（1）拓展客舱容量

2012 年，由空客设计推出的"空间拓展"（Space-Flex）客舱布局理念现已被多家航空公司选用。其设计理念是通过改变单通道窄体客机的尾部客舱布局，为客舱释放出更多的空间，在提高客舱舒适性的同时，使客舱空间利用率达到最大化，从而可以使航空公司通过增加座位来提高收益。

例如，对 A320 飞机的尾部——对后客舱进行新的布局，使原来的厨房空间减小一半，将前客舱的两个盥洗室移至一处并排安放，给前客舱腾出的空间以增加座椅（最多可增加六个），在需要时，还可以拆除两个盥洗室之间的隔板，可以快速改装为一个轮椅乘客的专用盥洗室。

空客的"空客灵活客舱构型"（Airbus Cabin Flex）理念，通过对机身进行优化，最大载客量可达 240 人。A321neo ACF 通过自由地更改舱门位置，优化了客舱构型，使得飞机客舱拥有更加灵活的布局，乘客也将获得更强的舒适感。

2016 年 6 月，空客推出了"空客飞行空间"（Airspace by Airbus）全新客舱内饰理念，最大限度地利用客舱空间来提升乘客的舒适感。

覆盖四个维度的"空客飞行空间"客舱在舒适、氛围、服务和设计方面都做得非常出色：不仅实实在在地拓展了客舱空间，而且融入美学享受，更加令人放松，更加实用美观，为乘客带来一种独特的高端飞行体验。

（2）座椅的豪华 PLUS 版

飞机座椅应符合人体需求，除了靠背后倾和促进振动的装置外，无论是何种体型的人，

图 41　汉莎航空波音 747-8i 客机头等舱

都能感到座椅的舒适性。

舒适性应该在以下几个方面得到体现：理想的体压分布，合理的靠背角度，防止剪力，按摩系统，适合不同活动的座椅，能自动调节的座椅，使脚离开客舱地面的可能性，惊叹的体验，以及拥有视觉舒适度感的座椅。除此以外，飞机座椅的设计难度在于不仅需要"轻"，还需要"薄"，以便在舒适性水平不变的情况下尽可能容纳更多的乘客。

为了顺应目前客舱高密度化的趋势，新的座椅概念也在不断涌现。意大利座椅制造商Geven公司与ATR公司合作，通过更好地利用靠近机身侧壁的空间，改变座椅扶手的设计，加宽了ATR支线客机经济舱座椅的宽度，同时保持机身侧壁和一排四个座椅的布局不变。相比现有标准座椅来说，新座椅的宽度接近43.18厘米。这项设计使Geven公司的"新古典"（Neo-Classic）座椅和"新名贵"（Neo-Prestige）座椅加宽至45.72厘米。自2018年7月以来，两款符合人体工程学设计的座椅已成为ATR飞机的标配，并且很容易在上一代飞机上进行改装。

新加坡航空公司头等舱的座椅加入了可调整式头靠，符合人体工程学的塑形原理，椅背提供更多的腰部支撑，大大提升了乘坐时的舒适度。手工缝制的奢华皮革座椅，搭配菱格纹造型缝制的座椅，乘客不论何种坐姿，皆可享受无与伦比的舒适。

个性化正在成为飞机客舱设计的新风向，一种能够根据人体工程学和娱乐偏好识别和适应乘客的座椅应运而生，充分地诠释了什么叫完全适应乘客身体的智能座椅。

空客还脑洞大开，充分发挥设计无所不能的特性，申请了一项"不同寻常"的座椅专利。这项专利详细描绘了几种样式的层叠座椅设计，让人联想起双层床：一排座椅架在一排座椅之上，以最大化地利用飞机客舱的空间。这些层叠座椅或安置在客舱的中部，让飞机中部区域的空间优化，同时在客舱两侧仍然提供行李架。空客设想，这种两层布局对公务舱也适用，因为座椅可以有平躺（180°）的空间。

的确，在现代交通工具特别是飞机中，从经济角度来看，最大限度地利用客舱可用空间是非常重要的。在座位越来越密集、空间越来越拥挤的今天，乘客们或许对飞机里塞更多人的方案嗤之以鼻，但航空公司和制造商希望通过设计一些可以后仰130°~180°的座椅，来提高乘坐的舒适性。

（3）可"变身"的客舱空间

模块化客舱的设计，可以向乘客提供舒适度更佳的飞行体验，是客舱灵活设计的一个全面的典范。

这种可以"变身"的客舱模块不仅能改善乘客对飞行体验固有模式的印象，带给乘客多元化和差异化的多重享受，同时也为航空公司运营增添了商业价值。

假如，航空公司可以出售带有一个卧铺和一个经济舱座位的低层客舱模块的话，乘客在规定时间内可以获得不同于共通性的服务体验，这样的感觉实在是妙趣横生，令人难忘。

放眼当下，空客和法国 Zodiac Aerospace 就提出了在飞机上安装"带有乘客卧铺的低层模块"。具体的做法是在飞机的货舱闲置空间内，利用货舱内现有的地板和电路接口，设计出新的贵宾区，通过一个楼梯进入，下来后就看到一个吧台，这是一个接待区，可以提供正常的空乘服务。设计方案中还包括儿童活动区，这样，孩子们坐飞机也能拥有自己的游乐场，不至于一直沉迷于电脑。此外，还有会议室，方便乘客在飞机上办公。而且，此处还可以作为影音室观看电影等。医疗保健区能为乘客进行身体检查，也可应对突发情况。这些灵活变动的空间都采用模块化建造，可以根据需要随时调整，也就是说，如果货物少，那就多布置一些这种模块。

这种新客舱模块宽 4 米、长 2.4 米、高 1.55 米，不同的飞机型号可以容纳不同数量的模块，比如，一架 A330 可以容纳两个或三个模块，一架 A350XWB 可以嵌入 3 ~ 4 个模块（图 42）。

（4）客舱里神奇的小巧思

20 世纪 30 年代兴起的"流线型"造型是典型的美国式设计，这个设计的流行，使产品设计得到了发展，并以极其迅猛的速度展现出设计的加入给产品造成的差异性。

自新艺术运动以来，对曲线的理解和运用已蔚然成风，流线型设计越来越多地应用到天花板、行李箱、PSU 和侧壁板的整体设计中。这种设计的线条变得简约，抛弃了烦琐和复杂的线条过渡。设计师可根据需要将曲线和直线综合应用到造型中。客舱内饰在造型上应注重形体的简练、结构的整体性，尽量减少多余的装饰，避免零乱。

空客的"飞行空间"理念中的 XL 超大型行李箱，外观不仅采用流线型设计线条，综合考虑了行李箱容积与乘客走动可用空间之间的平衡，XL 行李箱的底板比现行标准行李箱要低 5 厘米，开口也更靠近通道的中心线，可以容纳八件最大标准尺寸的随身行李，而现在的标准行李舱只能容纳五件行李。

当前条件下，我们通常登机后都会花费一定的时间翻找空的行李空间，造成登机时拥挤的状况，大大延长了登机时间。

法国航空电子公司（Astronics）设计了一种即剥即贴（Peel And Stick）的传感器，贴在行李箱内，利用传感器及彩色 LED 来显示头顶行李舱的占用情况——已满、未满及空闲，可以帮助乘务人员快速找到尚有空闲空间的行李箱。乘客登机后，乘务员可以使用平板

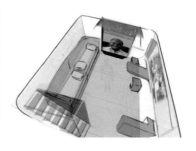

图 42　飞机客舱模块化设计

电脑实时查到行李箱的空间剩余情况，然后将乘客引导至该位置，既加快了乘客的登机时间，又可以充分提高现有行李箱的使用效率。这种传感器只需由小型的非充电电池供电。

（5）"时差顾问"——全新的健康解决方案

我们倡导在客舱内饰设计时贯彻提高舒适性的方法，但长途旅行的乘客无论身处哪一舱位，还是会因时差而感到身体不适。

时差是航空旅客跨时区旅行时面临的最大挑战之一，阿联酋阿提哈德航空与松下航空电子公司联合开发了一款名为"时差顾问"（Jet Lag Advisor）的健康解决方案产品，帮助乘客将时差带来的影响降到最低。

时差顾问会收集一系列旅客信息，包括睡眠类型、昼夜节律、身高、体重、旅行性质以及航班时间、航线和区域等旅行信息，然后利用人工智能引擎为旅客生成个性化的时差计划，并提供量身定制的建议，从而帮助旅客减轻时差反应。

旅客将获得基于航线的一般"时差影响分数"和个性化"时差影响分数"，从而了解时差对其整个航程、个人行程的一般和特定影响。个性化时差计划涵盖飞行前、飞行中和飞行后三个阶段，会就每个阶段的特定时间如何缓解时差反应提供不同的建议和提示，例如睡眠、暴露在光线下、运动、保湿及食用哪些类型的食物。

时差顾问通常会在航班起飞前两天通过应用向旅客发送带有行动建议的提醒。通过遵循这些建议，旅客将能保持精力充沛，为在目的地的旅途做好准备。

（6）炫酷感十足的 IFE

机上娱乐服务系统（IFE）和开通机上 Wi-Fi 被视为可以让乘客忘记飞行旅程疲劳的有效途径。

目前最常见的 IFE 是在座椅上为旅客提供数字音频和数字视频点播娱乐系统（AVOD），飞行中乘客可以随心使用虚拟现实系统、高品质的视频和音响系统，在旅途中尽情地享受丰富多彩的娱乐节目，让飞行过程变得趣味无限。

德国飞行 VR 公司（Infight VR）推出了一款机上头戴式 VR 娱乐系统，彻底改善乘客的飞行体验，让乘客在旅程中"忘记客舱的拥挤"，从而使旅途变得更加愉快和丰富。

这种基于虚拟现实技术的 VR 娱乐系统的电池能持续工作 3~4 个小时，乘客可体验的内容包括电影、音乐会、旅游景点的虚拟游览、购物和放松体验，还可以实现乘务员与乘客的互动，而且不会受到邻座的手势打扰。这种系统有望成为航空公司未来创收的一种全新的娱乐模式。一套 VR 系统的总重量约为 0.45 千克，价格比固定座椅式机舱娱乐系统便宜，且实用性更强。

澳大利亚航空公司已经在悉尼和洛杉矶之间航线的一些特定航班上为头等舱乘客推出VR套装，体验效果异乎寻常，受到赞赏。

虽然内置的机上娱乐系统不太可能消失，特别是在长途飞行中，但它们可以与乘客自己的设备协同工作，焕发新的生命力。松下推出了Waterfront系统，这款飞机座椅拥有一个独立的应用程序、乘客可调借的照明系统和一台4K分辨率的电视，允许乘客使用手机控制飞机的内置娱乐系统。

航空结构件专家及布线专家Latecoere公司开发了一种取名为"Li-Fi"的系统，这套系统基于光信号传输，通过光纤及光调制红外线LED，便可以增加机载娱乐系统的带宽。Li-Fi可以说是Wi-Fi的豪华升级版，能比Wi-Fi更快地传输多媒体内容，能满足整个客舱播放4K视频的播放带宽需求。相较于现在的飞机上为每名乘客提供10mbps的带宽，这项技术将宽带的速度提高了10倍，提升体验感。

舒适和惬意，几乎是人类都拥有的对美的感觉，这完全是出自动物野性的原始生理本能的反应。舒适性是旅客的一种综合感知，每位乘客都有自己主观的对舒适性的感知。一般来说，乘坐飞机是一种被动的体验。从你进入机场的那一刻起，就不断被告知该做什么。乘坐让你不乏味的航班，是飞机制造商和航空公司致力拓展的新境地。

影响客舱舒适度因素的涉及范围很广泛，在充分领会乘坐者"身、眼、形、意"初衷的基础上，打造一个舒适的空间，需要飞机制造商和航空公司共同秉承一切为乘客服务的宗旨携手创造。

二、公务机的定制地图与客户个性画像

世界经济一体化进程加快，世界各国在积极进行经济建设的过程中，开始大量使用现代科技及产品。今天，我们是现代科技的享受者。

公务机是在行政事务和商务活动中作为交通工具的飞机，被誉为"时间机器"，被视为高效的标志，是追求效率的企业家和商业领袖的出行首选。在频繁的差旅和长途国际旅行、缩短差旅时间、加快对紧急突发业务的即时反应、满足旅行中不间断的办公需求，以及提高旅行舒适度和减轻生理负荷等方面，公务机有着无可替代的作用。

公务机不仅是一种便捷、舒适的交通工具，而且是豪华和尊贵的象征，是个性和品位的体现，更是引领了一种定制化、个性化、精致化的生活方式。在公务机的诸多特征中，最能彰显个性和风格的，就是公务机的装饰。

公务机的装饰分为外部涂装和内部装饰两个部分。外部涂装我们在第四章会详细呈现，这里主要讲述公务机客舱内部装饰设计。

1. 公务机客舱内饰的定制基础

公务机是高技术与高艺术完美结合的极大集成者，公务机的神秘感很大一部分来源于如梦如幻、登峰造极的客舱内饰设计，如果说公务机装饰是一顶闪耀的皇冠，那么定制内装饰就是皇冠上最夺目的明珠。

如何将皇冠上的明珠打造成最璀璨夺目的宝石，给公务机使用者们带来最优质、最美好的享受，这一直是飞机制造商、飞机内饰设计师们追求的终极课题。

公务机客舱装饰的目的是为乘客提供舒适、便捷、宜人的乘坐环境。俗话说：宝马配金鞍。相得益彰的装饰才能匹配性能先进的公务机。

以飞机的最大起飞重量和客舱容积作为主要分类标准，公务机分为超轻型、轻型、中型、大型、超大型；按照航程能力作为辅助参考，公务机可分为短程、中程、远程和超远程。

公务机内部装饰可以分为菜单式和定制式。菜单式装饰一般是由飞机制造原厂预先对该机型的内部装饰进行设计，并将不同的设计方案分割为多种模块，提供给客户一系列的可选项目，包括设备、客舱功能区域布局、家具、面料、材质、色彩搭配等。客舱布局可以满足多样化、多功能的客户需求，适合不同领域的客户团体（图43）。

定制式是指没有预设蓝本，由客户提出构想，在充分了解客户的需求之后，飞机内饰设计师完成从概念设计到工程实施的整合流程。从确定客舱布局和人数开始，设计情景版，确定内饰风格；接下来画手绘稿，以便观看空间布置，再核实布局图是否符合工程、适航等要求；选择客舱内饰材料，绘制客舱立面图，制作材料板；再制作客舱效果图和三维动画，与客户充分沟通完成一切诉求后确定设计方案，就到了部件施工阶段；再进行客舱布置，完成取证后，交付客户，这是一个时间和空间、理想与现实的考验和量化过程，每个步骤、每个过程都凝聚了无数点石成金的妙手。

此外，公务机拥有者或者二手公务机购买者对原有公务机内饰进行周期性翻新或者进行一定的改装也需要进行内饰设计规划。

主制造商改装模式主要有承包型、外包型、弱主导型和强主导型四种。公务机客舱装饰涵盖了公务机客舱的照明、电源、环控、通信、娱乐、办公、餐厨、盥洗、卫生、家具、家电、装潢等客舱内全部的设备和器具，构成了乘客旅行中工作、生活的内部环境。

总之，要达到客户所想即所见、所见即所得、所得即适用的设计和实施方案。这是一个精心孕育的过程，和客户的充分沟通、对细节的精准考量是设计过程中的关键，每一个

图 43 波音 BBJ787 梦想公务机客舱内饰

细节的精雕细琢、每一个部件的精细把控，都饱含着设计师和工匠们的一腔热血。

但是无论设计构想是多么奇特或无与伦比，公务机内饰必须满足基本功能、性能、适航的基本要求，方为立足之本。

在功能上，公务机的功能区域包括：会议区、餐厅、休闲娱乐区、办公区、卧室、厨房和盥洗室。如果是远航程的公务机，还需要有机组休息区。客户对于办公、会客、休息、就餐、生活、休闲娱乐等各类功能性要求和对于个性、品位、审美的艺术性要求，通过内饰设计得以满足和表达。公务机的客户群体涵盖了国际国内政要、政府机构、跨国企业、国内大中型企业、高端商务人士、知名人士等。

由于客户自身习惯的迥异，他们对公务机使用要求也不尽相同。可以说，每一架公务机的内饰都是独一无二的，是一种完全个性化的定制，是当代艺术和现代科技最完美的结合，它能给予客户最大限度地彰显个性和展示风格化的平台，通过现代科技手段和艺术创造力的结合来达成要求。

在性能上，公务机舱内装饰及设备设计应满足人机工效要求，造型新颖，使用方便舒适，并根据客户需求满足特殊的性能指标；内装饰材料必须满足 CCAR25.853 及附录 F 的有关要求；客舱内个人行李储藏容积视具体内饰设计而定，平均不应小于 $1.5m^3$，行李储藏间的布置位置应方便乘客存放、取用行李，并不影响客舱内主要通道及应急撤离通道的使用；分舱门、行李储藏间的门上应有锁，锁结构在承受惯性载荷及飞机振动条件下能可靠地锁住；分舱门门锁应从两侧区域直接打开或通过暗锁机构打开；在因事故导致分舱门门锁锁死而无法打开的状态下，应满足女性乘客通过人力可自行破坏分舱门并顺利通过；各类座椅、沙发设备应满足 CCAR25.561，CCAR25.562 规定的静载和动载要求，满足 TSOC127a，旅客座椅带有座椅安全带，座椅安全带符合 TSOC22f 的要求，座椅材料除了必须满足 CCAR25.853（a）及附录 F 的阻燃要求外，座椅垫还必须满足 CCAR25.853（c）及附录 FII 的整体燃烧试验。内饰件疲劳寿命应符合相关适航条款要求，具体视使用需求偏离。

适航要求上，舱内装饰设计须满足适航条款 CCAR25R3 的要求，对于因公务机设计导致的区别于航线飞机所适用的适航条款的，可参考中国民用航空局（CAAC）或美国联邦航空管理局（FAA）、欧洲航空安全局（EASA）的相关适航类文件，与中国民用航空局沟通可行的符合性方法。

从设计维度看，公务机客舱内饰设计以美观、彰显个性、实用、可靠、简约、便于维护为原则，主要考虑以下三个方面的因素：

设计原则	内　　容
人性化环境	按照人机工程学的原理进行设计和选材，从总体布局、视觉效果、环境控制（空调、照明、噪声、温度）、简明的标识等角度，全方位保障乘客的安全、舒适
安全性	客舱内装饰的结构设计、选材、应急指示标志等均应严格按照民用航空相应的技术标准执行
模块化设计	运用 CATIA 等数字化设计技术，按照模块化设计原理进行内装饰设计，以利于控制内部件的制造成本，易于安装和拆卸，易于客舱照明、通风等系统的配置

"需根据公务机机体结构特点及内饰的造型分块形式合理地确定装饰部件（含壁板、安装支架、连接件等）的结构形式及其与机体结构的连接位置。不同模块化内饰组件合在一起，即可组成不同结构的设计方案。"公务机客舱结构设计师如是说。

公务机客舱内饰的结构设计是整个设计过程的肱骨环节。内饰结构设计必须在功能性的基础上，考虑结构强度、维护性、制造工艺等多方面的诉求，且应兼顾造型的要求，做到"用"与"美"的高度统一。

在公务机客舱空间内，根据对私密性要求的不同，用不同的排列组合方式做隔断，将不同功能区域进行合并组合，崭新的功能就应运而生了。

客舱内饰所有的造型都必须遵循与总体布局相协调的原则。

（1）分舱板

大型／超大型公务机客舱内空间充裕，通常可以将其布置为整体连通或者相互独立的不同功能区域，做多功能设计和拆分，通过带有分舱门的分舱板隔开，形成相对彼此封闭的区间。比如餐厅兼会议室、餐厅兼休闲区、休闲区兼卧室等，分舱门通常使用滑动拉门，打开时内嵌入分舱板中，并且可在开启、关闭状态分别设置固定分舱门位置的机构。分舱板通常与内饰功能件直接相连，如报纸杂志架、酒吧柜、储物柜、矮柜等。

（2）装饰板

作为面积最大的板块，装饰板行云流水般地贯穿于整个主客舱，包括天花板和侧壁板。天花板有平面天花板、曲面天花板等。侧壁板又包含侧部装饰板、窗框组件等部件，能为公务机客舱顶部及两侧提供装饰，同时为各功能区烟雾探测器、应急氧模块、空调管路、客舱照明、通信喇叭等其他电子设备提供安装界面。

（3）会议区

会议区通常由单人座椅、双人连座沙发、会议桌或可折叠桌板的布置构成主体。座椅布置包括环绕会议桌排列、分列客舱两侧垂直航向或平行航向布置两种方式。分列客舱左右两侧的座椅布置使客舱空间更加宽阔，通常配合顺航向布置的老板位座椅，形成面对面或环绕的座次布置，突出会议主持人的地位。

单人座椅强调每位乘客的独立性，通常固定在带有横向、纵向滑轨的底座上，在阈度范围内允许横向、纵向平移。座椅在布置位置及姿态允许条件下，可向后倾斜躺倒，随着座椅靠背向后倾斜，座位向前方少量平移，保持乘客处于舒适的姿态。

单人座椅通常可以底座为轴旋转至任意角度。所有座椅旋转、平移的控制均可通过集成在座椅扶手或座位附近的控制端进行自动调节。

单人/双人沙发通常固定在地板上，不可旋转或者平移。客座宽度大于单人座椅，采用皮质、布艺表层材质，更加舒适耐用，适用于布置在客座人数较少、空间开阔的会议区内。沙发占用空间大于单人座椅，可在平行于航向的客舱中央布置一台，作为主客座位；或垂直于航向布置在客舱两侧，面向客舱中央。单人/双人沙发通常在侧面或正面布置茶几、桌子或折叠桌，供乘客用餐或者办公使用。

（4）休闲娱乐区

休闲娱乐区主要用于为乘客提供在航行中用餐、办公、休闲娱乐、休息等活动所需的条件与场所区域，且因乘客的喜好与具体需求不同，造成设计风格多元，布置方案多种多样，因此很难模式化地来概括多功能区布置（图44）。

多功能区中典型的内饰件包括连座沙发、单人座椅、茶几、方桌、储物柜等。根据客户的特殊需求，酒吧台、酒吧柜、开放式厨房等也是多功能区常选用的内饰布置。而多功能区即是将功能模块化的内饰件进行组合、改造，配以不同情景装饰设计而成的。

连座沙发指并排布置，横向至少可同时容纳三人乘坐的沙发。垂直于航向布置的连座沙发广泛应用在公务机内饰设计中，为乘客提供更加舒适、宽松的休息环境。沙发外形轮廓的线条直接影响到客舱内的设计感觉，圆角多、曲线不规则的沙发造型营造轻松、休闲、随意的效果，突出客舱内区域的连续性，适用于公务机的休闲区域，或私人专用包机的整体内饰布置；轮廓线条简单、硬朗、垂直的沙发较为传统，营造出规整、严谨的舱内布置效果，更适合用于政府、商界公务包机的休息区布置。

图 44　波音 BBJMAX 公务机客舱休闲娱乐区

（5）私人卧室

公务机上的私密区通常布置有双人床、折叠床/折叠沙发、衣帽柜等，这些与私人盥洗室直接相连，也可视客户需求配备淋浴间。

私人卧室通过分隔板与客舱其他区域分隔开，分舱门通常选用滑动拉门，能最大限度地节省、利用客舱空间。私人卧室适合布置在客舱前部或舱内噪声相对较低的区域，以此为乘客提供安静、舒适的休息空间。双人床通常依照顺航向布置在大型/超大型公务机中，长度为1.9～2.1米，宽度不少于1.5米。双人床框架直接连接在地板上方，与侧壁装饰或分舱板装饰相连，上置床垫，在床头柜或周围装饰上通常配有乘务员呼叫装置、应急撤离指示灯及专用的安全绑带。折叠床或折叠沙发可节省更多空间，由内置于沙发下方的结构带动向前伸出，连带座椅靠背向后倾斜形成沙发床，整个转换过程可通过电动控制或手动完成。与固定的双人床相比，折叠床/折叠沙发宽度通常限制在1.3米以内，对空间利用率更高，适合区域长度小于3.5米的私人卧室或休息区（图45）。

私人盥洗室可根据客舱布局情况扩大面积，除了标准盥洗室中配备的梳妆台、马桶以外，通常增加更多的储物、置物空间和梳妆洗漱设备。淋浴间允许乘客在航行过程中洗浴梳洗，这在众多大型/超大型公务机中运用广泛，特别是用于长途跨洋飞行或连续航行的公务机中。淋浴喷头上方须配置温度探测告警装置、抽风抽湿装置及照明装置。将开阔的功能区域比邻安置，可以增加视线进深，给人以宽敞大气的感觉，增加了机上生活的优雅舒适度（图46）。

（6）音/视频播放设备

音/视频播放设备用于为机上会议办公、娱乐休闲提供多功能支持，为公务机内设广泛选用。音频播放系统可集成在PSU旅客服务单元中，通过有线耳机，每个乘客可分开使用。通过音响设备控制，将喇叭布置在客舱侧壁装饰、天花板或分舱板中是另一种常见的布置，这可在客舱中营造更好的音响效果，同时也与客舱内饰装饰融为一体。视频播放设备通常采用大屏幕电子显示屏或背投电视，悬挂、内嵌或布置在分舱板或特殊的内饰功能件上，用于播放影像视频、连接电脑等智能设备、通过卫星信号播放实时电视节目等。考虑到客舱布置的美观与整体性，可采用内嵌机构悬挂显示屏，在无须使用时通过升降的遮盖板遮挡、装饰，也可以保护显示屏，避免磕碰。

另外，卫星电话、卫星电视、无线网络、高保真立体声音响、传真机、大屏幕LCD、客舱电话、Airshow航图、电子游戏等都是通常必备的选装项。

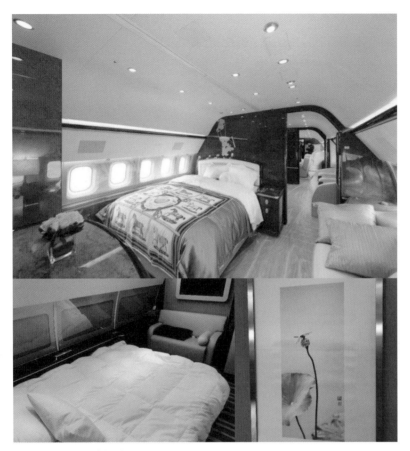

图 45　波音 BBJ787 公务机卧室

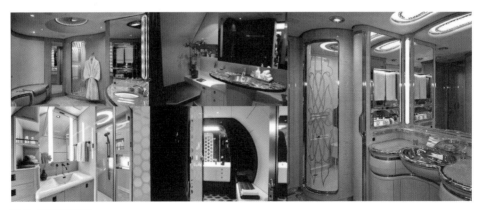

图 46　公务机的盥洗室

（7）个性化内饰

除了上述模块化内饰组件，公务机内饰设计近年来将更多具有特殊功用的设备移植到主客舱布置当中，例如机上餐吧/酒吧、多功能衣帽间、电影播放厅、特殊棋牌桌等，以迎合私人订制的客户口味，使公务机内饰更加丰富、生动。

酒吧台/酒吧柜可布置在靠近厨房的位置，方便机上乘务员操作使用，也可以布置在客舱其他区域，如整体连通的客舱两侧、客舱中央面向休闲区一侧等。酒吧柜主要功能特征包括：配置冷藏柜，储存酒水饮品、特殊食物等；提供平面工作台、储物抽屉；常用高光材质装饰及广泛使用金属件、玻璃等；用情景照明灯烘托、营造氛围。

衣帽间（客舱入口、私人卧室），为了便于乘客存放衣物，公务机中须在私人卧室及主客舱内布置专用的衣帽间和行李存储间。衣帽间建议留有 0.5 米高度，宽度大于 1.5 米的空间用于悬挂大衣、外套等衣物，并设计鞋架、挂钩供乘客使用。主客舱中，衣帽间可布置在客舱前部靠近入口区位置，或客舱后部的后储藏室附近、靠近休息区的位置。乘客上机后可将随身行李及杂物存放在入口区行李储藏间内，而无须携带行李穿过整个客舱。

还有层出不穷的创意产品，如麻将机、按摩椅、空气加湿器、遥控开关等。

无论什么型号的公务机，内部空间和载重都是有限的。充分利用每一寸空间，将其功能最大限度地发挥出来，是每一个公务机拥有者的期望。

中国商用飞机有限责任公司以 ARJ21-700 基本型飞机为蓝本，打造了国内第一款全民为之惊叹的模版。培育这个万众瞩目的"大明星"历程之久、匠心之巨，可谓前无古人后无来者（图 47）。

公务机实际上是一种符合用户习惯的生活方式的延续，不会因为时间和空间的改变而"委曲求全"，它应从心理上更契合使用习惯，才能营造出更加美好的氛围和环境（图 48）。

2. 风格与客户

气质有待于提升品质，性格还须见诸风格。公务机客舱内饰的风格设计最彰显个性化元素，风格体现格调和品位，追求的是和谐、美观和赏心悦目。

风格设计可以选择某一种艺术流派、文化习俗作为基调，对客舱内部的结构进行定制化的构思。根据不同的创意，可塑造出各种不同特点的客舱空间，其组成元素包括线条、图案、颜色、明暗、材质、质感等（图 49）。

风格设计需要结合公务机总体布局要求及机舱结构特点，综合考虑美学、人机工程学、材料、工艺等方面的因素，运用造型设计手段来协调客舱的空间关系、空间尺寸、空间比例，

图 47　中国第一款公务机客舱内饰图

图 48　波音 BBJ777X 公务机客舱效果图

图 49　波音 BBJ747-8 公务机客舱

使公务机有限的客舱内环境变得合理、舒适、科学。塑造风格时，应从风格与总体展开布局、并以风格与功能、风格与美学、风格与材料、风格与人机工程学、风格与工艺这几个角度统筹考量。

站在更高的维度，公务机客舱内饰整体风格的塑造，可以从以下几个方向着手：

（1）以人为本，恰到好处

每个乘客踏入公务机客舱的最直接的感受来源于内饰所呈现出的空间形象和舒适度。值得称颂的客舱内装饰设计应符合人机工程学的要求，并保证乘客乘坐舒适、视野良好、操作方便、观察醒目。

内饰的布局应能巧妙地与盥洗间、厨房等生活设施相结合，与情绪化的照明系统相交融，营造出更为宽敞、更具个性化的空间环境。比如说，利用流线和曲线的设计，可以使视线延伸、空间感更大，以显得布局富于变化，灵活生动。利用镜子或光滑表面的反射可以增加视野范围，提高视觉明亮度，例如镜面天花板无形中会将空间放大。安装推拉隔断或软帘能按需增加分区和间隔，提高空间利用效率和私密性。

客舱内部装饰件造型设计的各个阶段都需要充分考虑人机工程学的因素。以人为中心，以人的需求出发展开设计，应该从人的生理、心理特征考虑内饰的造型，从人体尺寸、人的能力限度考虑内饰的尺寸及功能，从人的活动范围、操作方便程度等方面对内饰进行评估和修改（图50）。

（2）现代美学，完美享受

审美是一种说不清道不明的东西，美感这玩意儿，虚无缥缈，没法用明确的词去形容，但它无处不在，而且极为重要。

可以在公务机客舱内饰造型设计过程中灵活应用美学的基本原则。设计中可运用尺度与比例、对称与均衡、统一与变化等美学基本原则，以达到完整、和谐与鲜明的造型效果。其中尺度与比例原则是指根据黄金分割比、平方根比、整数比、等数比关系，合理地确定内饰各部件的比例与尺度，避免出现空间比例失调的现象。对称与均衡原则是指内饰各部件的相互位置应安排得恰到好处；内饰的造型、色彩、质感、图案所表现出的轻重分量应具有良好的视角平衡效果，能够给人以稳定的感觉。统一与变化原则是指内饰的造型设计应力求把形式上的变化和统一完美地结合起来，即统一中求变化，变化中求统一。

客舱内饰的美学原则是以功能用途为依托，在功能构造的过程中融入美学法则，能体现个性与时代感，带来卓越超群的感受（图51）。

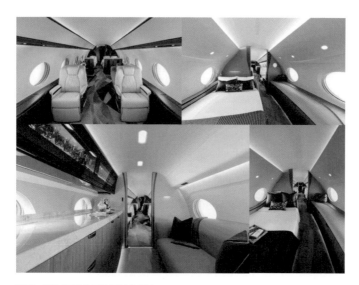

图 50　湾流 G700 公务机客舱内饰设计

图 51　波音 BBJ747-8 公务机客舱内饰

（3）重量更轻，逆风飞扬

客舱内饰的装饰材料不同，造型效果也不尽相同。风格造型设计的关键在于需结合材料自身的纹理、光泽、表面质感等特性，通过在客舱的各个装饰部位合理地运用和搭配各种材料，给人以不同的视觉和触觉感受——轻重感、软硬感、明暗感、冷暖感得以真实地展现，继而体现出客舱内饰的整体品质。

随着材料行业的迅猛发展，各种高性能的材料逐渐替代了传统的内饰材料。内饰材料趋向于重量更轻，兼具阻燃、低烟、无毒、抗击力强、外观美观、耐用且价格低等优点（图52）。

优质的材料也依托精湛的工艺存在，工艺是造型设计得以实现的必要途径。精良的工艺可以使装饰部件的尺寸和配合更精确，从而以匠心打造出客舱内饰的高品质、高档次和时代气息。

（4）科技无痕，静谧舒适

营造安静舒适的客舱空间环境一直是公务机设计制造孜孜以求的目标。近10年来，降噪材料的发明与应用取得了很大的发展，如硅碉泡沫材料、乙烯泡沫材料等，这类降噪材料可稍加包裹后安装在橱柜、隔框及舱壁中，也可通过自粘带粘贴在蒙皮内侧，其特点是增重小，安装方便。

目前，通过内饰层的隔声、吸声、隔振结构来减低舱内噪声仍是一种十分有效的降噪办法。通过采用新型降噪材料或降噪组件能够使客舱的噪声水平更低，使客舱内更安静（图53）。

（5）信步客舱内，领略中国风

中国文化璀璨深厚，亘古绵长。中国元素是具有中华民族独特文化内涵、精神气质和美学意蕴的符号系统，是中国传统思想与价值观念的体现。

中国元素是中华传统文化的形式和内容的象征，是当代设计的不竭之源，是中华民族的文化财富、精神财富和物质财富，是一个蕴藏丰富的巨大宝藏，具有很高的文化价值和商业价值。

"中国风"的盛行，是公务机制造商为了深挖市场潜力、主动迎合中国和亚洲市场买家的习惯和爱好，在客舱内饰上独具匠心、精雕细琢的成果。这些中国风的公务机客舱，融合了中国传统文化元素，是充分表达中国韵味和内涵的产物。在使用过程中，用户既感受到便利，也能受到文化的熏陶，从而沉静内心，这是对其审美的需求一种满足（图54）。

图 52　巴航工业公司世袭 1000E 公务机客舱内饰

图 53　庞巴迪环球 7500 公务机客舱内饰

图 54　空客 ACJ319 中国风客舱内饰

中国元素并不是"古老"或"死板"的代名词，相反，中国元素古朴、亲切、富有意境，如同古瓷一样，将锋芒和火气都深深收敛起来，透着幽深内藏的润光，岁月不能使其衰朽，反而增添了无穷的韵味。

中国元素具备中华文化的属性信息，是中华文明的特殊符号，是东方传统文化的具体表现，蕴含着丰富的表现手法。在公务机客舱空间中应用中国元素，可以表现出无穷无尽的独特魅力。

在公务机客舱空间中，可结合机舱结构特征应用中国元素。设计中运用木质中式家具的布置，可以增加客舱空间的韵味与古朴之感，彰显主人的生活智慧。透过客舱空间中布置的工笔、水墨画与瓷器做局部点缀，可以提高客舱空间装饰的古典韵味，表现特殊的人文意境（图55）。

在客舱空间中应用中国元素，改变了简单西化、大而化之的设计形式，体现了中国特有的文化魅力。

公务机客舱空间有限，在统一的内部空间中，中式空间中讲究"隔断"，客舱空间中的中式屏风，不仅可以隔断功能区域，增加私密性，还拥有十分突出的装饰效果，"屏风周昉画纤腰，岁久丹青色半销"。在装饰板上布置传统水墨画，也可以布置木质挂屏或丝绸刺绣等，体现古韵古意。

以屏风做装饰，并非以空间切断为目的，仅仅是利用屏风临时造就某个空间，带有过渡与指示的含义，是一种空间上的延续。"云母屏风烛影深，长河渐落晓星沉"，实际上则是隔而不断。

3. 外国人眼中的中国元素

巴西航空工业公司制造的世袭1000E"定制优雅"主题客舱，韵味华美典雅，设计从中国文化的历史韵味中汲取灵感，将中国元素丝丝渗入客舱的细节表现中，让人赏心悦目（图56）。

门廊玄关处的《梅花傲雪图》生动地诉说着"遥知不是雪，为有暗香来"的高尚品格。传统中式窗棂与现代设计的多宝阁酒柜配以极具吉祥寓意的云纹把手，古意盎然；古典流苏绸缎靠垫、祥云地毯，使中国建筑中的雕梁画栋的纹饰与公务机的奢华优雅交相辉映，仿佛以油画写实的笔触画出水墨画的意境，在充分表现中国元素的同时，也雕琢出独一无二的云端私邸。

在色彩和纹饰上，量身定做的中国红、梅花、祥云纹，尊贵无比。品酌一杯清茶，畅谈人生，这样的生活方式"很中国"。在餐具和厨具的设计上，中式茶道、中式餐饮器皿，

图 55 空客 ACJ319 公务机中国元素客舱内饰

图 56-1　巴航工业公司世袭 1000E 公务机"定制优雅"主题客舱内饰

图 56-2　巴航工业公司世袭 1000E 公务机"定制优雅"主题主客舱

图 56-3　巴航工业公司世袭 1000E "定制优雅"主题客舱内饰

图 56-4　巴航工业公司世袭 1000E "定制优雅"主题客舱内饰

以及附带的储藏空间，都展现出浓浓的中国味道，立现茶韵墨香的阵阵悠长。

选材上，橱柜柜体及座椅扶手均采用了寓意平安吉祥的檀木，沉稳庄重，大气端庄，在不经意间散发出浓浓的中国味。

在追求中式韵味的同时，设计也兼顾现代科技感。尤其是在客舱的主舱，将彰显古典优雅的新中式设计与现代科技完美结合，运用极富质感的金色铝制的设计线条，勾勒舷窗边框、座椅头枕、折叠桌边沿，使客舱整体空间如行云流水，提升空间质感的同时赋予了主舱无与伦比的宽敞感。

世袭1000E"定制优雅"系列共有以温馨舒适的香槟棕、沉稳大气的经典棕咖色，以及古典与现代结合的钢琴漆色（黑色中式漆艺）为主色系的三个内饰方案，能满足客户对多元化风格的需求。

空客ACJ319公务机面向亚洲市场推出的名为"凤凰"的客舱设计，着重于亚洲客户喜好的色调搭配和家具陈设，以中国传统文化代表喜庆吉祥的酒红色搭配代表团圆和谐的圆形家具；同时，主客舱设有一张可容纳六个座位的圆形桌，体现了亚洲传统家庭的文化理念；考虑到中国国粹——麻将在中国及亚洲文化中的受欢迎程度，特意将圆形桌设计成可折叠成方形的设计，形状变换自如，以满足乘客随时可以"血战到底"的乐趣；考虑到另一项在亚洲盛行的休闲活动——KTV，"凤凰"客舱为此还设卡拉OK区，满足了客户一展歌喉、随时高唱一曲的需求。一系列眼花缭乱的中国元素组合拳，相互映衬，颇有章法，营造了浓郁的中国韵味（图57）。

这些富含中国元素的设计，体现出公务机制造商越来越注重满足亚洲及中国客户的需求。设计中，颜色及具象装饰物的精挑细选，五分直接，四分大胆，还有一分淡淡的疏离，体现出国外设计师对中国文化的观望。

4. 本土设计师的匠心诠释

中国设计师从传统文化瑰宝、历史典籍中提炼精髓，汲取温暖的灵感用以创作。这是一种寄寓在唐城周宫、秦砖汉瓦之间的亲切，是几千年来积淀下来的厚重气势。

大熊猫作为中国国宝，向来备受喜爱，设计师开创式地以"熊猫"为主题，取义不取形，以黑白撞色为基底，活泼生动，简单大方。在门框及座椅上渲染竹子等元素，木头、竹子散发出来的自然之气，以及中国文化中赋予这些器物的寓意，就是中国之气（图58）。

"逍遥"系列，设计灵感来源于《逍遥游》："北冥有鱼，其名为鲲，鲲之大，不知其几千里也。化而为鸟，其名为鹏，鹏之背，不知其几千里也……鹏之徙于南冥也，水击三千里，抟扶摇而上者九万里……"儒家经世济时，佛家无欲无求，庄子的《逍遥游》亦

图 57　空客 ACJ319 公务机"凤凰"主题客舱内饰

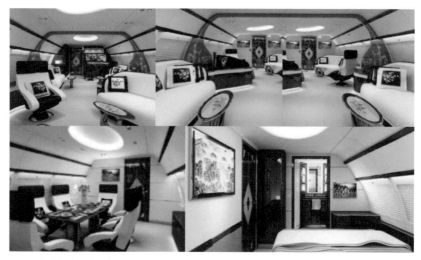

图 58　厦门太古公务机"熊猫"主题客舱内饰

是生命寄托的一种途径，皆是人安身立命的精神追求。《逍遥游》所演绎的，乃是一种绝对自由的人生观，是一种无所挂累、心无挂碍的心境。这种心境是透过种种精神领域之扩展而达成的，是追求生命之超脱，于内在精神生命的追求，是内在的、心灵层面的，而不是外在的、物质层面的，是非暂存的，是一种永恒。

基于这个理念，设计师突破想象，打破了传统方正有序直线条的客舱布局，波浪形的流线设计贯穿整个客舱，人情练达均在这流线中传达，表达一种永恒的意境。它运用中国传统理念对客舱区域进行布局，使得整个客舱达到藏风聚气的效果。

庄子之逍遥，是一种"体道"而"得道"的境界。而欲臻此境界，必经修为历练，循序渐进，迭经翻越超拔，方能有所成。

除此之外，客舱的设计元素还融合了"五行"元素，根据客户的个人特性对客舱内饰量身定制，体现出经典、素雅，充满了浓浓的"中国味"。

东方文化内敛，以追求精神层面的价值而达到内心的境界，"禅"作为中华民族骨子里的智慧，运用在社会各个方面，修行如此，设计的本源亦是如此。

"禅"系列，设计灵感取自佛家学说"禅"。设计不拘泥于形式，而是侧重于客舱传达的内在，清透、内敛、极致，追求空间意境之美，融合和谐、闲适及平衡的生活模式的元素（图59）。

客舱设计运用对称的布局及雅致的色调，以营造高雅、现代而历久弥新的风格，体现了崇尚文化，富于情感且使客舱空间张弛有度。当客舱空间营造了这种禅心留白的氛围，所表现出来的空间就让人感觉舒适。没有了审美疲劳，这才是公务机客舱设计的一种境界。

客舱空间的整体视觉以浅绿色、木色、暖灰色为主调，辅助一些清透、灵动的山水画点缀其中，体现现代中式中的含蓄之美。其化繁为简，注重细节及比例美感，强调合理空间布局与功能完美结合。

没有过多的装饰符号，一切在于营造。优雅的浅绿色，自然的木纹，写意的水墨，干练的线条，现代块面的设计手法，都营造出一种中国式的静谧、祥和之美。

有时候我们并不需要太多的物质和外在的装饰来包装，我们真正需要的，是一个井然有序、让自己感到幸福的空间环境。客舱内的活动空间融合了代表四季的色彩，休憩区配以浅绿色的家具及樱花作为装饰图案，象征希望和生机，洋溢着春日的气息。厨房以莲花和红色地毯装饰，唤起热情和自信的夏日感觉。VIP会议区散发着淡淡的木香，只需心境空灵，少几分浓墨重彩，多几分雅致清宁，便能在此感悟生命的智慧。

当阳光暖暖地投射进客舱，在小景营造中，少了一些喧嚣，多了一些趣味。人们可在一呼一吸、一吐一纳之间感受自然的韵律、一抹写意、几许禅意。

图 59　厦门太古公务机"禅"主题客舱内饰

乘客可以在菊花图案点缀的用餐区及榻榻米区品尝美食或品茗，享受秋日宁静。豪华的睡房以纯净的白色和梅花做布置，营造冬日的悠然写意。静谧的氛围不仅能营造简约的禅意，还能留住经典永恒的意境。浅墨清韵、雅白禅境、何处飞花，在这优雅的格调中交错互融。

在天空中的诗意栖居，为旅途增添了几分雅致清宁，内心的平静才能感悟到生活的大美，美不是符号，是一种心境，一份怡然，更是一份禅动。东方的水墨写意和现代的简约利落，在诉求着同样的精神，除却烦冗，唯有禅意风骨和智慧空间。

画中的禅意与现实中的你，就这么彼此凝望着，意境悠长。

中国自六朝以来，艺术的理想境界是"澄心观道"，在拈花微笑里领悟色相中微妙至深的禅意。禅是动中的极静，也是静中的极动，寂而常照，照而常寂，动静不二，直探生命的本源。

北京飞机维修工程有限公司（Ameco）的一款名为"丝路"公务机内饰方案（图60）主题取材于中国古丝绸之路上不同地域的文化元素。设计方案在颜色、图案和材质等方面选定了适合表现的最佳方式，从而再现古道西风，使千年的驼铃仿佛犹在耳畔。舱内的穹顶设计大量运用了浮雕的传统纹样，使乘客仿佛置身于伊斯兰宫殿。不同功能区之间设置了"玄关"，其中圆形玉佩的造型成为二间隔上的灯饰。在配色方案上，金色和木纹、大理石的搭配也表现了羌笛一曲丝绸之路的精神与内涵，从容不迫的雍容气质让人情不自禁地产生迷恋之情，艺术创造的生命力在这一刻奔腾而出。

在中国的传统文化中，"龙"代表着吉祥、尊贵与至善。中国一直以东方龙的形象自居，而龙文化更是代表了多元一体、综合创新的中国文化的基本精神。

以"龙"为主题的波音BBJ787公务机，将"龙"的寓意作为概念主题（图61），将中国独具内涵的传统文化与现代飞机内饰设计结合在了一起，用现代科技展现中华传统之美，使飞机如同天空飞行的中国龙。

整个机舱空间共分为九个区域，包括机组人员区域、客人区域、影院、餐厅、贵宾休息室、厨房、吧台、主人办公室和主人卧室。机舱的内饰将"龙"的元素贯穿始终：大面积的几何图形、条纹及格栅象征着龙鳞、龙脊和龙骨。整个空间的色彩选用也带有强烈的中国艺术作品的气质，大气、淡雅，如云似水，一气呵成。机舱主色调采用灰褐色、象牙色和白色等中性色调，辅助月白、松石绿、天空蓝；设计采用华丽高雅的材质，展现出内敛的气质，带给乘客顶级的质感与品位。

同样由Ameco打造的"云悦"系列，取自中国传统的"竹"元素。竹自古以来就是中国人心目中君子的象征，代表正直、坚毅、谦和、忠诚。竹元素的运用，既体现了中国文化，又营造出具有现代美观和科技感的公务机客舱。

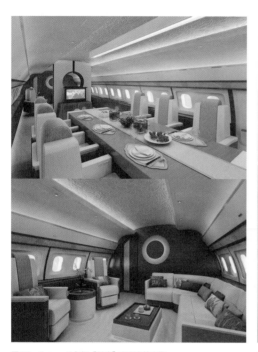

图 60　Ameco 公务机"丝路"主题客舱内饰

图 61　Ameco 波音 BBJ787 公务机"龙"主题客舱内饰

图 62-1　Ameco 空客 ACJ319 Mock-up "山水长卷" 主题客舱内饰

图 62-2　Ameco 空客 ACJ319 Mock-up "山水长卷" 主题客舱景别

色彩上，大面积使用中国古典的颜色：米色、月影白，搭配竹绿、玉红等；材质上，以纹理顺直、低调内敛的竹饰面为主，搭配石材、皮革、羊毛、真丝等天然材质，色彩与纹理富含变化，充满自然生机。

2019年底，AMECO匠心呈现"山水长卷"主题的ACJ319型公务机Mock-up（图62），以王希孟的《千里江山图》山水长卷为灵感来源。《千里江山图》是中国十大传世名画之一，画面细致入微，意态栩栩如生，烟波浩渺的江河、重峦叠嶂的群山蕴意画家寄情于山水、于山水之间追求自然的风雅，体现了脱离俗世、超然物外的审美情趣。

中国画的透视方式是提神太虚，从世外鸟瞰的立场观照完整的律动的大自然。空间立场是在时间中徘徊移动，游目周览，俯仰自得，集合数层与多方的视点谱成一幅超象虚灵的诗情画境。

进入客舱，每一幕都是一幅画，每一帧都是一个景，整个机舱仿佛成为一幅延续不断的长卷画。

这种视野契合了观看长卷画的方式，中国古人看画，他们是双手握着长卷，然后右手慢慢卷拢，左手慢慢展开，看一段，品味一段。这种移动观看的方式，独一无二。

《千里江山图》独特的"旷观"视野，将"高远、深远、平远"的透视方法发挥到极致，在这远景里看不见刻画显露的凹凸及光线阴影。自成格局的景别，每一个景别，有这么多详确动人的细节。"青绿山水"技法于唐代成形，每个部分均以山体为主要表现对象，各部分之间或以长桥相连，或以流水沟通，使各段山水独立又相连，崇山峻岭，村舍集市，河流游船，小桥流水，所有景色在画面上一一展开，浓丽的色彩也隐没于轻烟淡霭，动静结合，虚实相生，让人目不暇接，达到了步移景异的艺术效果。

"山水长卷"Mock-up以散点透视的视角进行整体设计，从水墨丹青的意境中提取、凝练东方元素，随着位置变换，移步换景，不断呈现新的画面，自成新的景别，提升客舱体验。

东西方文明，各有各的大智慧。

相比国外设计师喜欢直接运用中国元素，中国设计师更喜欢韵味的传递，也就是中国传统文化中倡导的意境，"诗言志、景见心"，好的景致都是有禅意的，即使你置身事外，不在其间，也能感受到那一抹恬静与淡然。

"与物传神，尽其妙也"，这份切肤的理解阐释了对于中国传统文化内涵及精髓的表现，这些精神层面的内涵往往更能真正代表中国。

5. 中国风如何展现极致的光芒？

作为给飞机注入灵魂的内饰设计师，需要深入了解传统文化，推陈出新，在公务机客舱内饰设计中，合理而科学地融入中国元素，这也是当代工业设计的一种风潮。

我们首先要遵循既有的规矩方法：在传统的中式风格中，多选择应用对称均衡法，追求中规中矩，体现四平八稳；在色彩应用上，则以朴素及稳重为主；在材质选择上，则以木制纹和石纹为主，营造一定的古朴之感。

为此，需要进行形式创新与艺术突破。在突破、创新阶段，公务机客舱内饰设计布局就要改变对称均衡，追求空间变化性与丰富性。在色彩应用上，适当增加亮色，以提高环境活力，比如可以布置一些鲜花、盆栽，这样一静一动，一大一小，构成了难以言喻的奇妙意象；在材质上也可以适当创新，引入现代材质，用以实现中式风格与现代感的融合。对在公务机上使用的材料，要严格遵循适航要求，然后在此基础上实现创新。只有脚踏实地地观察和积累，才能寻找到真正值得信赖的方向。

	传统中式风格	新中式风格
美学	对称、均衡	改变对称均衡，追求变化与丰富
色彩	朴素、暗色	适当增加亮色，提高环境活力
材质	木纹、石纹	引入现代材质

从无到有，毫无疑问是创造；但将已知的事物陌生化，更是一种创造。我们力陈中国传统元素与现代元素的有效结合。为了将中国元素运用到极致，首先要掌握传统的形式，直到炉火纯青，就可以开始尝试打破传统的固有形式，加入自己的独特思考进行创新，进一步发展下去，就可以发现一个能够展现自我理念的融会贯通的新世界。

在公务机客舱内饰设计过程中，应以包容的开阔心态，深入而细致地处理中国元素的感性与理性。在客舱空间与整体布局上，消除矫揉造作、繁复堆叠的不良设计，赋予空间与环境独特性、丰富性与内涵，塑造出给人留下深刻印象的独特造型。在熟悉之中塑造鲜明特性，实现中国元素与公务机内饰设计的完美结合，以现代手法来表现中国元素，将传统文化与现代科技融合，既可以体现古典韵味，又可以展现现代气息。

中国元素在公务机内饰设计中的应用，并非简单的元素导入，而是在了解与认知传统文化及元素属性的基础上，提炼并应用在现代设计之中。

设计者应从客舱空间、客舱结构、色彩和材质的选择层面出发，综合思考中国元素与客舱内饰设计的完美融合思路。通过中国元素的提炼与艺术表现形式的创新，合理布局与设计，确保在公务机客舱内饰设计中，同时兼备传统文化特征与现代气息，体现设计效果。

世界已经进入了多元文化共存的时代，面对不同的思想和审美观念的差异，我们也感受到了能够求同存异的欣慰。

6. 运用要素

（1）材料

飞机设计在最初阶段，内饰材料的特性没有受到足够的重视，后来发现在飞机着火时，如果内饰材料能够满足阻燃、低烟、低热释放的要求，那么可以大大提高乘客在着火事件中的生存率。

美国联邦航空管理局（FAA）通过陆续发布修正案，不断地对内饰材料的自身要求、试验方法等方面进行完善，使得材料满足相关的阻燃要求。对于公务机而言，内饰材料不仅需要满足重量、耐用性、隔音隔热等方面的性能要求，材料的阻燃性、毒性和低烟雾性等还需满足适航条例及相关规范的规定。

换言之，公务机客舱内饰的造型和色彩都要通过装饰材料来展现（图63）。可以说，材料的色彩与质感本身就是一种装饰。材料作为色彩的载体，在不同材质上的颜色就会不同。比如，同样是黄色，当它附着于柔软而光滑的绸缎上，表现为闪亮的金色；而当它附着于麻质材料上时，就会表现出暗淡的昏黄色。

装饰材料的颜色、光泽、纹理和表面质感有助于增强客舱的装饰效果，而装饰材料所具有的隔热、吸声和隔声功能则有助于改善客舱的舒适性。

按照广义的分类，内饰材料可以分为金属材料和非金属材料。金属材料主要是铝合金，非金属材料包括复合材料、塑料、泡沫等。

内饰材料	分类	类 型	性 能	应用区域
金属材料	铝合金	—	—	—
非金属材料	复合材料	酚醛玻璃布	阻燃性高	天花板、行李箱、侧壁板、门装饰板、隔板和储藏间
		非金属蜂窝芯	重量轻、强度高、抗冲击、耐腐蚀、隔音、隔热	天花板、行李箱、侧壁板、装饰板
		热塑性工程塑料：ABS、PC	光学透明性好、抗冲击强度高	窗框、舱门护板、厨用设备（a）——观察窗；（b）——驾驶舱天花板、驾驶舱侧壁板、门框装饰板
		硅橡胶	—	门装饰和门框装饰板边缘、天花板、行李箱间的堵缝
		泡沫	—	—

图 63　庞巴迪环球 6000 公务机客舱材质设计

复合材料蜂窝夹层板一般用作装饰板的材料。蜂窝夹层板由面层、阻尼层、芯层、内层及封边材料复合而成。其中，面层内层材料多为酚醛树脂基玻璃纤维增强复合材料；芯层材料多为芳纶纸蜂窝；装饰板边缘填充封边材料（一般为灌封胶）密封；阻尼层起材料多为橡胶，由于在夹层板中增加阻尼层会造成材料重量的增加，故仅在某些有特殊降噪要求的部位，如噪声源区域所使用的蜂窝夹层板中增加阻尼层，而不适宜于大面积使用（图64）。

酚醛玻璃布属于复合材料的一种，具有良好的阻燃特性。玻璃布可以按照不同的厚度铺层，造型可以根据需要变化，被广泛地应用在客舱内饰设计中。

非金属蜂窝芯亦是复合材料的一种，具有良好的压缩性能，具有一定的刚性和较好的强度性能。在制造较厚的装饰板时，采用两侧酚醛布中间植入蜂窝芯的方法，可减轻重量，又具有良好的强度性能。

热塑性工程塑料主要有丙烯腈、丁二烯和苯乙烯聚合物（ABS）和聚碳酸酯（PC），被广泛用于制造包括窗框、舱门护板、厨用设备及各种小型功能件在内的各种飞机内装饰件。ABS具有良好的刚性、硬度、隔音性、耐热性和加工流动性，而且具有高韧性特点。PC按照透明度可以分为透明聚碳酸酯和不透明聚碳酸酯，是一种热塑性聚合物，具有光学透明性好、抗冲击强度高、优良的定性、耐蠕变性、抗寒性、电绝缘性和阻燃性的特性，易于注射成形。

硅橡胶一般用于装饰件之间的堵缝和装饰。

泡沫可以起到缓冲和部分装饰的作用，常用黏合剂或胶带黏接在装饰板的背面，或者安装在两块装饰板之间。

为了增强装饰效果及起到防潮、美观等作用，一般需在复合材料蜂窝夹层板外表面贴覆一层装饰膜。装饰膜多使用一种称作泰特拉的材料（Tedlar：聚氟乙烯，又称作PVF）。该材料是由杜邦公司研制推出，其特点是不易黏接其他物质，易于清洁，甚至不怕香烟的灼烧。装饰膜可直接贴覆在复合材料装饰板的表面，也可通过抽真空的方法，加压加温固化后贴覆在装饰板上。

皮革面料包括牛皮、羊皮等真皮面料及各种复合仿真皮人造革面料。皮革面料通常包覆在装饰板的表面，具有多种色彩和表面肌理可供选择，能够体现高贵、典雅的风格。

空客ACJ319（图65）、湾流G650RE型公务机（图66）的爱马仕内饰：在客舱的天花板、座椅、地板等部位全部采用爱马仕皮具，柔软而舒服，处处散发着优雅奢华的感觉，开启了一个充满故事、缔造传奇的空间。

公务机客舱和驾驶舱的地板上一般会铺设密度大、厚度高的地毯，方显高档和舒适。

图 64　空客 ACJ 公务机客舱内饰的材质

图 65　空客 ACJ319 公务机爱马仕内饰客舱

图 66　湾流 G650RE 公务机客舱的爱马仕内饰

地毯会选择羊毛地毯，具有防静电和防滑的性能。值得一提的是，地毯的织物材料，需要经过特殊的防静电处理。

厨房和盥洗室的地板表面会铺设地毡，具有防水和防滑的性能要求。地毡的颜色和图案既可以选择飞机制造商提供的，也可以根据客户需求量身定制织纹和色彩。

座椅装饰罩、窗帘及局部装饰包覆层等通常会采用织物面料。织物的种类包括柔质羊毛、羊毛／聚酰胺、羊毛／纤维胶混合物、聚酯纤维绳绒织物或尼龙织物等，选择不同的材质，决定了织物所展现出的表面质感，或细致，或平滑有光泽，或柔软，或粗犷，这些都是材质肌理结构最真实的体现。须特别值得注意的是，为了防止静电积聚，材质须经特殊的防静电处理。

装饰嵌条、阻尼层、装饰板及支架安装用的减振器等通常采用橡胶材料制成。装饰嵌条起装饰及密封的作用，多采用三元乙丙橡胶材料制成，具有柔软、抗老化性好的特点。阻尼层及减振器多采用硅橡胶材料制成，能提供较高的阻尼，可有效地抑制其振动并隔离振动。

除上述材料之外，公务机客舱内饰的常用材料还包括玻璃纤维棉、铝箔等吸声隔热材料。

由于公务机内饰材料变化多样，选择余地大，内饰设计时可以根据客户的需要进行各种材料的组合，设计具有较高的灵活性。随着科技的进步和发展，飞机内饰也呈现以下几个特点：

趋　势	设计内容
满足阻燃要求	由于内饰系统为乘客提供直接的空间环境，因此内饰材料的阻燃性能是基本要求，降低着火风险，保证乘客的生命财产安全
更轻、更耐用	由于公务机设计时对重量要求特别高，降低飞机自身的重量，意味着能为乘客提供更多的行李重量和更多的娱乐设施
绿色环保	绿色环保的内饰材料也是设计的趋势。根据毒性气体要求，要求内饰材料燃烧时散发更低的毒性气体。此外，可回收材料是内饰材料的发展趋势

（2）色彩

色彩是一种不受任何语种限制的设计语言，可以说是工业产品视觉设计的第一要素，因为色彩不仅能表达产品，更能传递情感。

公务机内饰作为高度集成的产品设计，色彩所蕴含的力量不容小觑，它引领潮流，左右情感，引导思维，可谓"牵一发而动全身"。

色彩设计作为客观的载体将各种空间紧密地连接起来，成为联系各个有效空间的纽带，彰显个性和品位，在公务机客舱内饰设计中起到了举足轻重的作用。

（3）色彩设计的非线性扩大

色彩是自然界事物的一种外在表象，人们所感受到的色彩情感是由于受到来自外界的刺激，与视觉经验产生共鸣，从而在心理上引发了某种情绪。这种色彩情感会引发人们广泛的联想，而客舱内饰的色彩设计，能更好地体现公务机客舱内饰的品质。

色彩设计不仅作为一种情感表达的方式，而且是反映当下社会思维模式的重要参照。作为非常主观的感受，色彩会引起人们的情绪反应。色彩所引起的心理效应在设计过程中尤为重要。

色彩设计是多元化的，是感性和理性的交融。公务机客舱内饰的色彩蕴含了丰富的情感，会根据客户的定位、年龄、性别、文化背景的差异，产生不同的影响。色彩不是孤立存在的，都要依附于一定的形体。

色彩与客舱内饰有机地结合在一起，能构建出一个崭新的世界，使得单一简单的空间复杂化、情感化，让被赋予了情感内涵的特殊载体的空间布局与文化不断碰撞、融合，像两个能量波，在传播相交时，振幅的叠加会释放更大的能量，起到官能上的震撼效果。

暖色系多以红、黄、橙等色调为主，使人联想到太阳和火焰，令人产生温暖感，给人兴奋、积极向上的感觉，能将颓唐之色一扫而空（图67）；冷色系多以偏蓝色调为主，令人联想到大海和冰川，给人一种冷静、稳定、平和的感觉（图68）。此外，黑白属于无色彩，也叫作极色。灰色被视为中性色，在视觉感受上，灰色相对于黑白两色要柔和一些，感受上更加平和、朴实，但有时也会令人感到消极和失望。在一定范围内，人们对色彩的感受具有一定的共性。

（4）基本定律

不论是简约大气还是奢华前卫，公务机客舱内饰的色彩搭配方式多种多样，公务机客舱内饰在色彩设计上不必恪守成规，不必严格遵照一般规律，可以按照使用者的想法量身定制。但在转变为设计语言时，要结合情境，均衡与稳定、变化与统一、协调与对比、节奏与韵律等色彩美学原则，可以帮助设计师更好地引起共鸣。

总的来说，先要确定一个主色调，也就是整个客舱内饰色彩的总倾向。在整体风格上，主色调可以分为冷色调或暖色调，在冷暖之间必须有一个共同的色相属性，并以此作为色彩协调的基础。

在配色上，拥有一个主色调才能显得统一。客舱内部的色彩越少，色调越容易统一；色彩越多，易造成色彩分割，难于协调。采用一个主体色，能给人以简约、大方的感觉，但单一色系容易显得单调，所以一般在局部件上采用高亮色加以反衬。

图 67　湾流 G450 公务机客舱暖色调色彩设计

图 68　波音 BBJ 公务机客舱冷色调色彩设计

"变化中求统一，统一中找变化"，是公务机客舱内饰色彩设计时的小门道。统一的目的是整体协调，变化是点睛之笔，是为了寻求生动。采用统一色系容易获得统一，暖色相温暖，冷色相则宁静；选用暖色与高纯度色为主给人以刺激，以冷色和低纯度色为主则使人感到平静；以明度高的色为主，明朗而轻快，以明度低的色为主则暗，有庄重感；取对比的色相和明度高的色则活泼，取相似色则稳健；色相多则热闹，少则冷清。

对于主色调的选用，应用较多的是灰色、米黄色、米白色等；内饰件各部分的颜色也非一个颜色，而是调和色，自上而下一般为上浅下深。

公务机客舱地毯的颜色不宜太浅，可以采用单一中低明度、低纯度的色彩或含两三种颜色的编织地毯，以利于增加客舱的稳定感并耐脏（图69）。

双色内饰是目前应用较多的内饰色彩配置，主要有上下分色和比例分割（图70）两种。

双色内饰的主色调虽然有两个，但有主次之分，一般色域大的色彩是主色调，色域小的色彩为辅。双色内饰能较好地解决整体协调与色调单一的问题。上下分色应按上浅下深、上轻下重、上小下大的原则配色，以取得稳定感。上下分色要注意调和，色阶不能太近，在调和中应有适当的对比，但对比又不能太强，对比过强容易产生上下分割的感觉。

此外，公务机内饰色彩的配色要有一定差别，从而形成色彩的平衡。相邻色是最容易调和的。在孟赛尔色相环中，相隔较远的两种颜色对比强烈，它们同整体色调难以协调，往往会与主色调产生碰撞和冲突。但是，这种碰撞与冲突不是绝对的。

（5）色彩在不同文化背景下的精彩绽放

色彩可以充分展现、释放个性，使色彩感受更直观，联想面更宽泛。不同的色彩选择和色彩组合，会展现出公务机客舱截然不同的风格特征，彰显不同的文化风貌，体现不同文化的独特风情。

以空客ACJ319公务机为例，在不同国家、不同文化的映射下，色彩上，各个航空公司呈现出风格迥异、各具特色的方案。"百花齐放春满园"，各种色彩营造下的争奇斗艳，正是公务机熠熠生辉的独到之处。

美国DC航空公司的客舱以米白色搭配浅绿色，清新淡雅，优雅大方，清丽娟秀，给人感觉亲切舒适，别致而又具风韵（图71）。

德国K5航空公司采用大面积的纯白色，简洁整齐，时尚前卫，彰显质感，独树一帜（图72）。

法国Twin jet航空公司的客舱采用经典蓝色调，沉着自信、端庄质朴，简约中透露优雅，一种宁静致远的感觉油然而生，为心灵带来平和与宁静，提供庇护，有助于乘客专心厘清

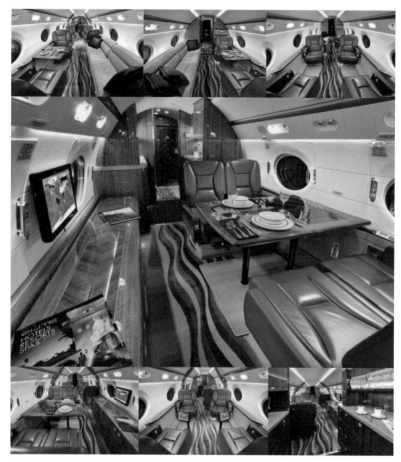

图 69　湾流 G550 公务机客舱内饰色彩设计

图 70　挑战者 850 公务机客舱内饰的拼色设计

图 71-1　DC 航空公司空客 ACJ319 公务机客舱　　　　图 71-2　DC 航空公司空客 ACJ319 公务机卧室

图 72　K5 航空公司空客 ACJ319 公务机客舱

图 73　Twin jet 航空公司的空客 ACJ319 公务机客舱

一切，集中思绪。经典蓝没有侵略性，容易引起同情与信任，适合卸下心房的互动，与浅金色图案、棕色的橱柜搭配，又多了些许严肃的味道。在欧洲，蓝色常被认为是显示高贵身份的象征，使人肃然起敬（图73）。

美国克鲁克斯飞行公司的客舱在色彩选择上，用米色系配暖色调木纹家具，显得沉稳大气，华贵端庄（图74）。

英国卫城航空公司（Acropolis）选择暖棕色作为主色调，给人一种沉静、稳定和朴素的感觉，显得古朴、高雅，在粉色灯光的配合下，让人感觉温馨、释然（图75）。

有的皇家座驾使用金色配蓝色和绿色，独具异域情怀，显得庄严辉煌。

卡塔尔王室所拥有的波音BBJ747-8公务机采用宝蓝、浅褐色配黄水晶，完全再现中东风情，显得神奇梦幻、卓尔不群（图76）。

有的直接将金色发挥到极致。沙特王子阿尔瓦利德的波音BBJ747公务机用闪亮的金色打造出一座金碧辉煌、光彩夺目、奢华闪耀的空中宫殿（图77）。

有的政要乘坐的公务机采用深浅不同的灰色搭配白色，显得简约高雅，清新明快（图78）。

（6）体现时代风情

时代在发展，人们生活的水平日益提高，对精神世界的追求也日趋极致。审美理念的不同导致对美的标准也会不尽相同，人们会对某些颜色带有倾向性的喜爱。这些颜色在某个时期或者某个地区甚至世界范围里受到欢迎并流行起来，它们不仅有流行度，而且有流传度，被称为"流行色"。

色彩的变化本身就具有时代性，流行色正是时代性的一种体现。流行色是相对稳定的色彩感受而言的，通常是由几组或更多的色调组成，并且不断变换，每一组色调都是由不同的色相、明度、纯度组成的颜色搭配。

流行色是某个国家或地区在某个时期内比较流行的带有倾向性的色彩。流行色是迅速发展的时代中具有普遍意义的广泛传播，把握了时代流行的脉搏，不仅在大多数受众里广泛流行并且带有一定倾向性，具有一定的时间和季节性。

科技的创新与发展、社会的变革、艺术界的新思潮及新艺术流派的产生，包括战争的影响，都会引起流行色的变化，是流行色形成的助燃剂。

比如20世纪60年代人类的脚步第一次踏上月球表面，意味着人类探索宇宙的新纪元的开始。宇航员身着银色的宇航服，承载着人类无限的希望与憧憬，在那个时期，亮丽的银色象征着充满神奇与奥秘的宇宙，同时也成为高科技的示意方式。正因为如此，"宇宙

图 74 克鲁克斯飞行公司空客 ACJ319 公务机主客舱

图 75-1 卫城航空公司空客 ACJ319 公务机客舱休闲区

图 75-2 卫城航空公司空客 ACJ319 公务机主客舱

图 76 卡塔尔王室波音 BBJ747-8 公务机内饰

图 77 沙特王子波音 BBJ747 公务机客舱内饰

图 78　波音 BBJ787-8 公务机客舱

色""天空色"才得以流行、发展开来。

随着社会的发展和科学的进步以及人口的增长，人们赖以生存的环境遭到严重的污染，人口、环境与生态平衡等问题摆在人们的面前。鉴于人们对环境保护意识的逐渐增强，崇尚自然的"自然色""大地色""环保色"开始悄然流行。

流行色的应用在社会生活的许多方面都有所体现，其演变也具有一定的规律。日本流行色专家指出："流行色循环的大致规律是明色调—暗色调—明色调，或者是暖色调—冷色调—暖色调。"国际上大多认为，在一般情况下，流行色的变化周期为七年，而一种流行色的延续大概可以达到三或四年。

公务机内饰的色彩也可充分考虑使用流行色，关联客户的定位，从而引导消费，推动市场，抢占市场份额，这些都会导致一定时期内客户对产品的认可，同时也是对色彩设计的认同。

现代设计对色彩的要求受到了传统习惯和外来文化等方面的影响，由于文化、宗教与风俗习惯的迥异，世界各地对颜色的好恶差别很大，在公务机内饰颜色设计时应充分斟酌。只有符合受众审美需求的色彩风格，才能引起客户的情感共鸣。

公务机内饰的色彩设计风格应该承载鲜明的时代特征。在细节上运用后现代的设计表现手法，采用独特的色彩，将现实和历史文化气息等因素结合起来，力求既可以显示独具匠心，又能满足不同受众的审美需求。

（7）照明

公务机客舱内部的照明除了满足乘客采光所需的照度要求外，也是提升客舱内部装饰的华彩之处，将内饰与客舱照明巧妙地结合，借助照明形成光与影的调度，达到修饰和美化客舱内环境的效果。同一个场景，打不同的光，风格迥异，诚哉斯言。

公务机的空间虽然有限，设计和功能的创意却是无限的。照明系统是内饰内在的修行，柔和时缓缓而来，闪耀时热烈奔放。因为一束光，调整了心情。

机上照明系统具有辅助内饰的功能，此外，照明设备通过与不同内饰表面的配合可以营造出个性化的氛围，使客舱有时看似宽阔开放，有时又颇具私密情调。利用灯光提高舒适性和档次的方法不胜枚举，通过照明灯光的组合和亮度调节切换，可以起到区域分割、区域功能转换、增加情调、彰显品位的神奇效能（图79）。

公务机的客舱一般采用间接照明的模式，顶部及两侧壁的光源均嵌入内饰安装支架中，光线通过装饰板壁面的漫反射柔和地照在客舱空间内，乘客不直接看到光源；在阅读区域配置阅读灯，光线会直接照射在指定区域内。

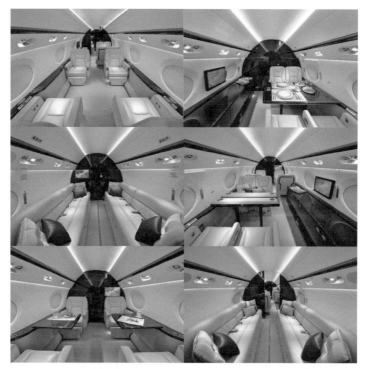

图 79 湾流 G450 公务机客舱情景照明系统

图 80 波音 BBJ 公务机客舱情景照明模式

合理的照明装饰设计能够帮助乘客减轻飞行带来的压力和紧张感，有效地加强乘客对于客舱空间的接受感和认同感。要达到这个诉求，首先要考虑视觉舒适性，其次是符合心理要求。

视觉的舒适性很大程度上取决于照明质量。照明质量是指客舱的亮度分布，涉及观察区域的对比度，包括座椅、地毯、分舱板、顶棚等周围区域，以及光源和灯具的亮度。该对比度受到客舱内颜色、特征和装饰的影响。根据照明质量要求，合理地选择光源的颜色和亮度，可以有效地减轻压抑感。

一般而言，客舱区域多采用暖色调白光照明。环境的亮度感觉，可由侧壁板的立面照明或天花板的间接照明来达到。公务机上的装饰、陈列的物品，也可以通过一小束射灯达到"聚焦"的作用，以吸引眼球。

不同的光照效果会带给乘客不同的心理感受。暖色光能给人以温暖、舒适、比较安逸的感受；而冷色光使人觉得干净、明朗。欧美人喜欢温暖的光线、模拟的烛光及火光（图80），亚太地区的乘客则偏爱清澈锐利的照明。

设计通过在客舱的各个区域采用不同的照明形式、色彩与照度，并与内饰相呼应，能够营造出不同的氛围，满足乘客"心无外物"的心理需求。

空客ACJ330neo公务机主题为"和谐"的客舱内饰设计，照明系统的改进给乘客留下更大的机舱空间。从显示飞机绕地球飞行轨迹的全息地球仪的巨大入口，到像太空一样的休息室，内部以曲线和半圆的形式排列，从以圆桌和同心的方式进行社交活动，让人感觉如同亚瑟王的卡米洛特骑士。

7. 隔音

公务机客舱往往需要比普通民航飞机具有更优质的隔音效果。公务机舱内噪声主要通过空气传声和结构传声两个途径从外部传入，它们分别与结构的声透射和结构表面振动的声辐射有关。

提高隔音效果需要在客舱的外壁内增加隔音层，这会占用客舱空间和载重，所以可以选择对客舱不同功能区域设定不同隔音方案，以达到最佳的隔音效果。

目前普遍采用的舱内噪声治理措施主要还是隔声、吸声两种形式。其中，隔声方法是通过改变声屏障结构的刚度、阻尼和质量等参数，提高结构的隔声性能，消耗噪声振动能量，达到减小噪声的目的。吸声方法是通过吸声棉、毛毡等多种材料来减少噪声反射，以达到降低噪声的目的。

波音BBJ787公务机由于使用了隔音材料，使得飞行过程中，房间里的噪声只有48分贝，而普通 787 飞机客舱噪声值是 70 ~ 72 分贝。

客舱内装饰的声学设计是指通过采用双壁结构、复合材料蜂窝夹层板、隔音层、阻尼层、隔振、密封等措施实现内饰与降噪的一体化设计。

结构功能	设计内容
双壁结构	舱内的装饰板与机体结构的蒙皮共同构成双壁隔声结构。装饰板借助于辅助支架铺设在舱室内表面，距蒙皮有一定的空隙，在空隙处填充由玻璃纤维棉制成的隔音层，这样的结构设计，使装饰板、蒙皮及其中的空气层组成了多层隔声结构，能够有效地阻隔噪声的传入。
复合材料蜂窝夹层板	低频时装饰板的隔声受刚度控制。就提高装饰板的低频隔声效果而言，增大板的刚度优于增大板的重量。增大装饰板刚度最有效的方法就是采用蜂窝夹层板。蜂窝夹层板的隔声性能良好，重量较小，并在低频和高频时均有较好的隔声能力。
隔音层	隔音层一般由多孔吸声材料制成，当隔音层黏附在刚性舱壁上时，随着厚度的增加，其吸声系数增大，能够对中高频噪声起到较好的吸声效果。可以选用具有较高吸声系数和较低导热系数的玻璃纤维棉，在其外表面加覆有铝箔制成的绝缘覆盖膜，并用封口带封边制作而成，通过双面胶带将其黏接在飞机结构蒙皮内侧的对应位置上。
阻尼层	阻尼层一般为黏弹性橡胶、隔热材料及双面黏合剂组成的多层片材。阻尼层粘贴在机体结构的蒙皮内侧或框樯的表面上，能够增大结构内部损耗因子，减少振动并将其能量转换为热能，使传播的噪声在所有频段都有下降。
隔振	为防止机体结构的振动经由安装支架传递给装饰板，引起装饰板受迫振动而产生噪声，需要在装饰板与安装支架、安装支架与机体结构之间采用隔振结构。在内饰安装支架与机体结构的连接面之间设置减振器，装饰板采用弹性角片、弹性衬垫、弹性弯条等弹性连接形式来安装，在装饰板与安装支架的连接面设置橡胶垫，这些方法都能有效地隔离振动。
密封	对客舱和双壁结构必须细致、严格地进行密封，才能真正发挥双壁的隔声作用，包括舱门、舷窗的侧边，地板与舱壁的接缝，装饰板之间的拼接面，装饰板与机体结构框、桁的结合处以及空调、照明的出入接口等都不应留有缝隙。

8. 客户使用趣闻

空客 ACJ319neo 的终极客舱 Infinito 是与意大利著名超级跑车制造商帕加尼联合定制设计的炫酷风格。客舱不仅拥有可显示实时蓝天景色或其他图案元素的全新天空客舱顶板，其细节的设计也处处彰显了帕加尼旗下各款超跑的特点元素，造型激进，钛合金独特的蓝色充满了异域情调，带来强烈的视觉冲击，将人类力量延续的超跑升级到天空，真是一桩让人激动的创举。

"我们首次将意大利文艺复兴风格应用到了其他领域，与空客公务机客舱的合作是一次令人激动的新尝试的起点（图 81）。"——荷拉齐奥·帕加尼

图81　空客 ACJ319neo 公务机"终极超跑客舱 Infinito"内饰

图82　空客 ACJ 公务机客舱内饰

打破空间的既定束缚，让乘客同时体验多元感受，有时不失为设计师寻求独特风格的路标。

碧蓝的天空和深蓝的海面在海平线交汇，碧波茫茫，海天一色。意大利著名的设计公司宾尼法利纳（Pininfarina）与 AMAC 航空航天公司携手设计的一款空客 ACJ350XWB 的机舱概念设计，打破了传统空间的限制。在空客 ACJ350XWB 机舱内提供了一种新的生活方式，空间内部被营造成一个令人愉快的空间：一片森林、一个超宽屏幕的电影院、一个精妙的美食体验区、一个终极会议室、一个宜人的休闲区，围绕着旅行者的愿望，你会忘记你是在飞机上，它将你带入一个无比奢华和令人兴奋的旅行体验中。假如你进入这架飞机，将立刻置身于一个配备有酒吧的客舱，跟随乐队，在一个放松之所感受亲密的气氛，这真是一个生机盎然的好环境（图 82）。

一位来自美国东南部佛罗里达州的客户 K，他的庄园里有一棵百年老树，这棵百年老树像一把巨大的遮阳伞，为童年的 K 遮风挡雨；它像一位智慧、善良的老者，伴随着 K 的成长。它还是一位饱经沧桑的时代见证者。它的存在就是历史的强音。不幸的是，在一个暴风雨交加的夜晚，这棵百年老树被闪电劈断。于是 K 将这些承载着他欢声笑语的断木慎重地交给了湾流公司，在湾流公司的匠心雕琢下，这些木材全部运用在了这架 G650ER 公务机的装饰面板上，看似无甚奇处，其实颇具深意。K 心怀安慰，他与这棵树的缘分得以延续，这种情愫伴随着他的每一次起降，焕发了新的生命力（图 83）。

故事结束了，定制化、情感化的历史才刚刚开始。这个动人的故事也让我们也知道了，原来公务机客舱内饰的材质发展已经日新月异，只有你想不到的，没有做不到的，个性化、定制化的材质会在公务机 OEM（飞机制造商）手中变成现实。同时，也引发了我们对情感化设计的瞩目。

情感化设计是当代设计的发展趋势，经济高速发展的当代，人们对产品的需求不仅仅是产品的功能需求，个性化因素与时尚的潮流因素显得越来越重要。除此之外，注入感性因子，挖掘和连接更深层次的情感共鸣，是公务机客舱内饰设计"用"与"美"集大成者的使命。

情感化设计越来越受到制造商、航空公司、用户的关注，飞机制造商和设计师不断延伸产品本身的意义，在满足客户对于公务机使用功能需求的同时，开始趋向满足客户的精神需求和情感诉求。

"形"是内饰设计中具体的、可感知的外在表现，"气"是客舱向外释放的气场是抽象化的理念，依附于有形的产品而存在，但并不止步于此。精准捕捉客户情感、及时设计出满足客户物质和精神需求的公务机客舱内饰将成为内饰设计的创新方式与发展方向。

图 83　湾流 G650ER 公务机客舱内饰的材质

在每一架公务机的内饰设计过程中采用注入感性元素的方法，不同于外形设计以视觉设计为重的方式，更加注重公务机和用户之间的情感互动，这样才能给用户带来更多美好的乘机体验。

公务机的客舱内饰，不仅要考虑功能性、美观性、安全性，更要上升一步，确保基于这些需求下的内饰产品能够满足用户的心理诉求，能够引导用户的情感表达。

客舱本身从形式造型与使用功能等角度来说是中性的，不具有感情。我们要深度挖掘，使得客舱内饰设计体现更多的商业价值因素并具有情感内涵，让客户在使用公务机时产生互动的情感因素，引起情感共鸣，而不能在使用过程中只感到机械式的冰冷感与枯燥感，这样才能获得更多的体验与互动，从而满足用户精神方面的需求。

因此，公务机客舱内饰设计在满足形式与功能需求的同时，还要被注入情感，达到形式与功能和精神内涵要素的和谐统一，才能具有更高的商业价值，在竞争激烈的公务机市场立于不败之地。

巴西航空工业公司在世袭 1000E 基础上，打造了一系列高度定制化、情感化的主题客舱内饰，比如奢华游艇插上羽翼的"空中游艇"（Skyacht™ One）主题，车水马龙、高楼林立的"曼哈顿"（Manhattan）主题和风情万种的"好莱坞"（Hollywood）主题系列，融入情感巧思妙想的设计风格和精湛的工艺颇受精英人士的青睐。

Skyacht™ One 公务机客舱内饰设计由巴航工业联手 Sotto 设计工作室（Sotto Design Studios）共同完成，其灵感来源于独特的中世纪航海风情，以满足乘客对于上有蔚蓝天、下有碧波海的奢华和高雅品位多重体验于一体的极致享受（图84）。

走进客舱，玄关处的阿拉伯六分仪、以透视镶嵌工艺打造的精美时钟、玛萨拉酒红色的橱柜，立即把你带回那个充满希望与冒险精神的航海时代。

主舱的英伦风古典座椅及鸡尾酒吧桌营造出典型的英国绅士俱乐部的风情，看起来雍容华贵，硬朗的线条不似寻常贵族般柔韧，无需灯光的加持也依然闪耀夺目。

定制化的硬件设施与个性化的压花皮革交相辉映；复古、典雅且极富质感的设计线条与雕刻黄铜、金、银等材料工艺相映成趣。镶嵌铜边的桃心木舷窗搭配复古牛皮的遮光板、皮质纹理桌面以及铂金控制板，共同铸造了一座空中的殿堂。

细节处的精雕细琢像是源自血统中的高贵，深深熔铸在客舱里，采用宝石镶嵌工艺制作的控制座位及照明的控制杆、旋钮取代了现代的触摸感应开关，增添了古典情趣，令舱内极具奢华感。

主卧房的撞色搭配、文艺复兴时期的镶嵌工艺、水晶用具及配有黄铜浑天仪装饰的移门，浪漫而又迷人，使得空间更具梦幻感。

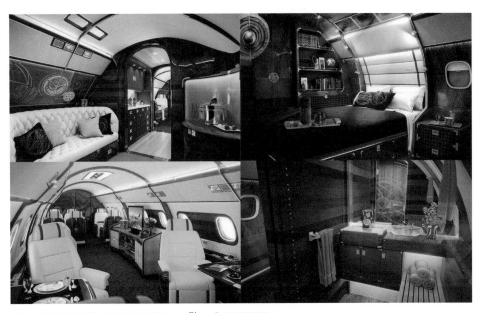

图 84　巴航工业公司世袭 1000E 公务机 "Skyacht™ One" 主题客舱内饰

浴室内的游艇变速杆造型的水龙头设计别出心裁，充满童趣。孔雀石绿的浴室台面搭配木纹嵌金的手盆、镶铜的梳妆镜以及柚木和桃木拼接的壁板非常精美。

巍峨耸立的摩天大楼是现代化的标志，"曼哈顿"主题系列的设计灵感来源于美国纽约高楼林立的现代建筑美学，从闻名遐迩的帝国大厦到克莱斯勒大厦，巧夺天工、令人心驰神往的现代流线设计在客舱中展现得淋漓尽致。

当乘客踏入客舱的那一刻，首先映入眼帘的便是门厅中由金属拼花和细木镶嵌工艺制成的美轮美奂的玄关画。玄关画以流畅的线条、浓浓的怀旧风格重现纽约标志性的摩天大楼和城市地标的经典建筑。这些静静矗立的建筑在诉说着这个国家、这座城市的历史和文化（图 85）。

克莱斯勒大厦的冠顶非常独特：曲线和三角的结合刚柔并济，与建筑主体部分结合得非常完美，尤其在万家灯火时，在灯光辅助下，更是熠熠生辉、闪闪发光。以克莱斯勒大厦为灵感打造的"云端俱乐部"位于第一个客舱区，配有一个吧台、可折叠的吧凳和舒适的长沙发。与长沙发搭配的是有别于普通舷窗的独特的观景窗，重现了曼哈顿高档酒吧的迷人惬意感。

中间三个客舱拥有宽敞的空间，配有多张俱乐部式座椅，可供乘客举办派对，将原本单调的飞行转变成充满欢声笑语的盛宴。尊贵的宾客可应邀进入客舱后部炫目奢华的"水晶宫"。"水晶宫"的侧壁和后方分隔机舱和厨房的舱门上嵌有精致的水晶雕刻装饰，在灯光的照耀下映出柔和的光芒，分外迷人。这个区域还配备了独特的背光式上方智能控制面板，在飞行过程中提供一目了然的飞行信息，通过结合智能触屏，乘客可以轻松调控环境灯光，体会将高雅韵味与高科技完美融合的感觉。

"好莱坞"主题客舱内饰设计开启了尘封半个多世纪的光影记忆，让我们追随着时间的脚步，细数星河之下流转的一幕幕鲜活的画面，悉心洞察那些不为人知的人情冷暖和恍如隔世的时代印记。

客舱以明朗的浅色调为主，弥漫着好莱坞风格。好莱坞风格看似现代简约，用色克制，但又包含了 ART DECO 的气质，加入了丰富且奢华的装饰，也引入了现代装饰材料，展现的是现代人追求的轻奢享受（图 86）。

ART DECO 起源于法国，名称来自 1925 年巴黎举办的"巴黎国际现代化工业装饰艺术展览会"（The Exposition des Arts Decoratifs）。它反对古典主义单纯手工艺的倾向，而主张机械化的美，大量使用直线、对称和几何图形的构成以及当时的新材料。

"好莱坞"主题客舱创造性地在以往容易被忽略的舱顶和侧壁板的设计上精雕细琢，巧妙地运用 3D 立体皮革浮雕装饰一新，尽情展现艺术的独特魅力。前三个客舱空间的舱

图 85　巴航工业公司世袭 1000E 公务机"曼哈顿"主题客舱内饰

图 86 巴航工业公司世袭 1000E 公务机 "好莱坞" 主题内饰

顶和侧壁板上有大量栩栩如生的画面，从历史悠久的好莱坞日落塔酒店，到飞行家霍华德·休斯驾驶的飞机，再到 20 世纪 30 年代好莱坞大道街道上最常见的汽车，这些惟妙惟肖的浮雕作品讴歌着好莱坞的黄金时代，讲述着好莱坞的传奇。

令人目眩神迷的 3D 立体皮革浮雕壁纸，搭配交相辉映的灯光效果，犹如米高梅黑白胶片电影《魂断蓝桥》《绿野仙踪》一般引人入胜。

柔软细腻的小羊皮温柔地包裹着飞机座椅，奢华又不失舒适；在工艺上，精巧的制作工艺打造出充满异域风情的贴板和镶嵌饰面。舷窗的上部极具机械线条美感，抽槽里填满金色，华丽又有质感，地面的回纹饰曲线线条装饰、头枕的大量的几何图形装饰线条感极强，突出机械化的美。顶部的仿水晶材质装饰在客舱灯光的交相辉映下呈现出独特的光影效果，摩登又复古的吊灯为客舱增添了更多的现代元素，各种材质的应用体现了高级感，使客舱颇有一番浪漫迷人的韵味。这些都是情感化在公务机客舱内饰设计中绝妙的运用。

在主张人性化设计的背景下，在公务机内饰设计中注入情感因素。情感因素的融入会缩短公务机与用户之间的距离，更容易使用户在乘坐公务机时产生情感共鸣，从而促进公务机的销售，实现真正的隐含价值。

好的飞机内饰设计师就是好的协调者，不仅要协调解决好空间的、造型的、色彩的、功能的、理念的诸多设计本身的要素，也要协调处理好人与物、人与事、物与物、事与事、人与人等多方面的利益关系和相互关系！

第四章

Chapter-04

机体的盛装

一、飞机外观涂装设计的进化史

人类航空发展的历程已逾越百年，飞机涂装就像是飞机的"时装"，经历着巨大的变化，也承担着多重的任务。在功能性上，飞机涂装可以保护飞机减少侵蚀，增强机能，有视觉防伪的功效；在艺术性上，独特、鲜明的涂装设计有美化、展示文化的功能。

辨识度强、让人过目不忘的飞机涂装，不仅视觉冲击力强，而且直击灵魂深处，更承载着时代赋予的朝气，它能展示形象、传递企业理念和人文情怀，彰显世界各国各具特色的灿烂文明。

1. 飞机涂装的功能诉求

飞机从地面起飞，到巡航高度，再降落地面的无限循环中，经历低空大气层中的尘土、潮湿雾霾，高空大气层中的气流风暴、雨雪霜冻，在这个过程中，飞机需要经受各种恶劣环境的考验。

此时，飞机涂层就像一件"冲锋衣"，必须防风、防水、防冰、隔热、耐磨，足够保护飞机，保证在不同环境下的安全。

在起飞和降落的过程中，迎风的一些部位会遭受空气中杂质的撞击。机翼、旋翼、螺旋桨、起落架护板等部位容易受到磨损和腐蚀，因此，这些部位的涂料必须防腐耐磨；飞机在沿海地区、湿热地带飞行，就要求飞机涂层能够经受住湿热、高温和盐雾的侵蚀；当飞机穿越雨区的时候，与雨水的相对速度较大（速度达到亚音速），飞机机翼位置容易因雨水的冲刷出现磨损和剥落，因此，需要从技术上解决防雨耐磨和各种侵蚀的问题。

发动机和其他发热部位的涂装，应该具有耐热性能，能够承受 200 摄氏度的高温，涂装不变色、不干裂、不脱落。

机载雷达往往处在飞机机头位置，雷达天线罩需要良好的透波性能，涂料必须使用透波性良好的复合材料，尽量让雷达波实现零损耗。

另外，飞机机身有防冰和除冰需求，最好能够促使结冰从飞机表面脱落，甚至防止冰霜形成。空气湿度较高时，玻璃表面容易起雾，特别是驾驶舱前挡风玻璃起雾会影响视线，需要在玻璃外面进行技术处理，保持透明，保证飞行安全。

如何避免强烈的日光照射，也是涂装设计需要考虑的问题。

白色是减少日光照射的最佳颜色，几乎可以反射所有的有色光，因此，各个航空公司约定俗成地将白色列为飞机防晒色。

涂层表层材料的附着使得飞机表面光滑平整，减小了空气阻力，在一定程度上改善了飞机气动性能。

2. 飞机涂装设计的起源

战争需求是飞机技术发展的重要推动力之一，世界上第一架军用飞机莱特 A 型 1909 年问世，装备于美国空军，执行侦察任务。

第一次世界大战期间，飞机开始作为重要的战术工具参与战争。多数参战国将飞机表面涂上橄榄绿色迷彩的涂装，成为最早的涂装设计。

到了"第二次世界大战"期间，军用飞机涂装设计开始得到重视和系统性的研究。机种、季节、作战地域和任务类别都是影响涂装方案的重要因素。

不同国家因为不同的地理环境、使用需求和文化传统发展出不同的设计理念和标准。但万变不离其宗，军用飞机的涂装主要体现隐蔽性、威慑力、审美性的作用，有隐身示假、提高在战场上的生存力、区别机种任务、反射日光辐射、保护飞行员眼睛、文化展示和鼓舞士气的功能。

军用飞机涂装发展脉络大致可分为：

时　间	军机涂装发展形式
1900—1920 年	没有系统的涂装理论，涂装全凭飞行员喜好
1920—1950 年	开始认识到飞机涂装对增加生存率的重要性，产生系统的涂装设计理论
1950—1990 年	针对不同使用环境，提出更加细化的涂装方案，涂装设计精细化、规范化
1990 年至今	在涂装设计方面进行大胆尝试，提出"数码迷彩""模块化迷彩"等新概念

3. 军机单色装饰涂装

军用飞机出于隐蔽性的需要，单色装饰被大量采用。飞机涂装成绿色，和森林、田野色彩融为一体，不易被发现；夜航飞机往往采用黑色涂装，舰载机下部涂为浅灰白色、上部涂为深灰色；海湾战争中，英法等国空军都将飞机涂成土黄色，都是为了在沙漠环境里更好地伪装自己，提高目视隐身性，提高敌我识别区分度。

单色装饰主要有黑色、蓝灰色、白色和金属色，一般用于歼击机、预警机、侦察机、轰炸机及部分其他用途机种。黑色或深灰色除了满足隐形要求外，还具有较强的威慑感、凝重和深沉的感觉。比如美国空军的 F101 歼击机、SR–71 "黑鸟"高空侦察机，主要在夜间执行任务，所以常常采用具有吸收雷达波能力的黑色吸波材料。

蓝灰色与蓝天、大海色彩相近，较深的蓝灰色也具有一定的威慑力和隐蔽性。如挪威空军和荷兰空军的 P–3 侦察机、俄罗斯空军的伊尔 –38 反潜巡逻机，涂装颜色与苍穹融为一体。俄罗斯空军的苏 –27 战斗机外部的涂装是较浅的灰蓝色，轻灵、跃动，给人以活泼、快捷的感觉。苏 –27 作为高空高速截击机的核心，使用要求是在高空截击作战，高空背景色较灰暗，但阳光在机身的反射和散射却非常强烈，因此常采用暗灰色的涂装设计。

白色简洁、明快，体现了干净利落的风格和军队精神，比如北约空军的 E–3A 预警机。但也会为特别的场合换上新装，如纪念北约预警机队成立 35 周年，特别选用了天蓝色的色带贯穿机身，从机尾像河流弯曲般延伸到机身，与白色相得益彰，灵动多变，让人耳目一新。

除此之外，还有一些常用的色彩，如蓝色、灰色甚至红色，通常选择与环境相融合的色彩理念或与特殊用途相符的色彩使用习惯。

蓝色，海天相连，与蓝天、与大海、与被空气覆盖的大地的色彩是何其一致，用肉眼观察的话，隐蔽性是无与伦比的，如英国皇家空军的 F–4J"鬼怪"歼击机。

灰色，如西班牙空军 T–2 教练机，采用机身铝蒙皮本色，体现了现代工业的科技感，并和其洗练的外形十分契合。美国空军的 B–2 轰炸机是执行投放核弹任务及进行核爆试验观测任务的飞机，为减少飞行员所受辐射量，需要增强反射，因此，机身多采用银灰色的涂装。

红色，光波长，穿透力强，引人注目，形象突出，表达了消防、救援、教练等特殊用途，如法国空军 CM170 教练机。

金色，绚烂夺目，在阳光的照射下更是闪闪发光，彰显贵族气质，使人感觉尊贵至上，如韩国空军的 T–50B 金鹰教练机。

4. 迷彩战机装饰涂装

迷彩涂装可以打破飞机的轮廓线，模糊飞机与背景环境，增加敌方辨识难度，在激烈的空战或空袭任务中占得先机。迷彩装饰涂装主要用于运输机、歼击机及强击机。迷彩装饰有双色迷彩、三色迷彩和边缘直角型迷彩，各具风姿。

黑色和灰色组成的迷彩型装饰涂装带有机械的粗壮、浑厚感，威武雄壮，展现出雷霆万钧的气势，如英、德、意联合研制的"狂风"歼击机、俄罗斯海航的苏 –30SM 歼击机。

灰色和绿色的迷彩组合则显示了一种生机盎然、朝气蓬勃的精神，具有进步、成长的活力。

世界上"功能最全面"的法国"阵风"战斗机，绿灰迷彩涂装不仅海空兼顾，而且空战和对地、对海攻击能力都十分强大；美国空军的 A–10A"雷电"强击机，担负低空对地搜索攻击任务，常采用与地表环境相近的深绿、土黄、土灰等颜色。

蓝灰和绿灰组合的迷彩装饰将天空与大地的色彩有机组合在一起，柔中带刚，显示军人的风范。如北约空军普遍装备的 F–104"星式"歼击机和"支奴干"运输机、俄罗斯空军的苏–34 战斗机、日本 F–2 多用途战斗机（图 87）的普蓝与蓝灰的迷彩涂装在负担国土防空、海上舰艇打击时发挥了良好的隐身效用。

绿灰与棕灰色彩浓郁，与土地、森林色彩相似，如皇家摩洛哥空军的 C–130H 运输机。

橄榄绿与灰色的组合凝重、悲壮，而橄榄绿与米色的组合则更带暧昧，似猎豹，又似猛虎。如美国空军装备的 F–5A 歼击机，用于电子战和侦查的芬兰的米–8 双发五叶单旋翼的大型多用途直升机（图 88）；比利时海军的海王 MK48 直升机（图 89），机头和机尾还用橙红色加以点缀，色块之间的明度反差强烈，让人印象深刻。

而采用同色系的迷彩装饰，则统一之中又有变化，细节处显现独到之处。中国空军的歼–10 战斗机（图 90）采用蓝色系迷彩涂装，宝蓝、天蓝色之间用靛青调和，再加上白色的闪电形状，有着千钧一发的威慑力；印尼空军的 T–50 教练机用绿色作迷彩的基调，温柔可亲，稳重大方。

俄罗斯空军的 F–18 飞机（图 91）涂装采用三种灰度的灰色迷彩搭配，硬朗协调，肃杀威猛，"打碎"了飞机的外形轮廓，无论从哪个角度都有着良好的背景相融性，减少了被发现的概率。

三色迷彩，如美国空军的 F–4E 歼击机，采用浅绿、橄榄绿与熟褐色，变化中求统一，对比中求和谐，形成厚重、浓郁的色彩关系；日本 EC–1 电子战训练机（图 92）不仅采用熟褐、橄榄绿和米棕色的三色迷彩组合，更是为了性能需要，将飞机机头的雷达罩变成扁扁的黑色"香肠嘴"。

以色列空军的 F–16 战斗机常在沙漠执行作战任务，在广袤的沙漠地带，无数道沙石涌起的皱褶如同凝固的浪涛，将死寂的黄土色又分裂成无数错节，这时的涂装和沙海融为一体，不易被发现。

有的迷彩型装饰，色彩过渡采用突变形式。如英国制造的 VC–10 运输机，线性流畅，既具备了迷彩型隐蔽的特点，又具有强烈的形式感，黑、白、灰的组合也极富个性。法国"阵风"C 战斗机，灰色与红色在宝蓝色中穿插点缀过渡，变幻于无形之中，但又与整体色彩相得益彰。

如今，迷彩涂装的形式更加精彩纷呈，对于空中优势的战斗机来说，近距离格斗是重要的空战任务之一，因此，机身常常使用不同深度灰色进行涂装搭配。如美国空军的 F–18 战斗机、乌克兰空军的米格–29 战斗机、德国空军的"狂风"战斗机、约旦空军的 F–16 战斗机的数码迷彩涂装就是新时代的产物。"迷彩数码"就像电视屏幕一样，将飞机划分为一个个小方格，这些方格类似于"像素"，将飞机轮廓更加"碎片化"，与周围环境更加难以区分。

图 87　F-2 战斗机

图 88　米-8 直升机

图 89　海王 MK48 直升机

图 90　歼-10 战斗机

图 91　F-18 战斗机

图 92　EC-1 电子战训练机

5. 军机的色带与色块型装饰涂装

色带型装饰分为单色带和双色带，体现灵动、轻盈、俊切的感觉，主要用于运输机、空中加油机等。

加拿大空军的CP-107运输机，通过锯齿形双色带，带来前进、冲击和尖锐感，同时又不乏平稳、安全的寓意。美国空军的KC-10A空中加油机采用头部小色块与机身单色带组合型装饰，使宽大的机身变得秀美，机身中部的弧状装饰图形增添了趣味性。

意大利、土耳其空军的C-47运输机采用机身色带、机头与尾翼色块的装饰形式，这种时尚、前卫的配色方案，尽显明快、灵活的色彩理念。

美国空军的F-22战斗机采用黄色和褐色相间涂装，具有良好的隐身效果，也标明了不同材料的位置。

6. 军机的其他装饰形式涂装

军用飞机的装饰形式多种多样，以满足各种不同的需要，在执行一些特殊任务或在特殊环境下使用时，也可进行临时的特殊涂装处理。它有长期的，也有临时的，既有具象的，也有抽象的。

双色型涂装相对于单色型来说，更彰显立体感，往往与机身造型相映生辉。水平的色彩分割给人以平稳、坚定的感觉，如美国空军和海军陆战队的P-3C侦察机。抽象的装饰图形往往带有前行和稳定等理念，如法国空军装备的直升机，以蓝色尖锐形与红色平稳形成了色彩色相和造型的对比。

不同国家民族有着不尽相同的文化和审美，涂装就成了展示本国空中力量的文化窗口。对各个国家的飞行表演队来说，国旗图案和原色常常是重要的涂装设计参考要素。法国飞行表演队（图93）红、白、蓝三色涂装，意大利飞行表演队（图94）红、白、绿三色涂装，都是本国国旗元素的延伸。

美国"雷鸟"飞行表演队的F-16战斗机（图95）和俄罗斯"雨燕"飞行表演队的米格-29战斗机的涂装在国旗基色上绘制了图案作为标志性涂装，俄罗斯"罗斯"飞行表演队的L-39战斗机（图96）采用金属质感的钢琴黑与活泼青春的柠檬黄涂装，美观、醒目，具有鲜明的民族特色，在飞行表演中展示了本国军事装备的风采，极大地拉近了军队与本国人民的距离。

有时候为了特殊场合、重要节点的需要，对飞机涂装会有特别的设计，比如2016年是意大利空军第311战斗机联队成立60周年，"狂风"战斗机（图97）特此穿上了以示隆重的纪念版"燕尾服"，显得英姿勃发。

图 93　法国空军飞行表演队

图 94　意大利空军飞行表演队

图 95　美国"雷鸟"飞行表演队 F-16 战斗机

图 96　俄罗斯"罗斯"飞行表演队 L-39 战斗机

图 97　"狂风"战斗机特别涂装

图 98　北约"老虎会"机身涂装

中国战场著名的飞虎队曾在 P–40 上绘制了著名的虎鲨涂装，显得英气昂扬，弘扬了战斗精神，彰显了国威、军威，既鼓励了中国军民的战斗意志，又打击了敌对势力的嚣张气焰。

北约盟军每年都要举行"老虎会"，届时，所有参展的飞机均涂装成老虎的形象，一般垂尾设置虎头，机身为虎身（图 98）。

综合型采用多种装饰形式相结合的方法，具备多种功能。意大利空军的教练机，机身中上部和垂尾部采用了色块装饰，机身下部采用迷彩型，既使飞机色彩艳丽，又让飞机在飞行过程中具备一定的隐蔽性并体现军事用途。

民用飞机的涂装诉求与军用飞机恰恰相反，民用飞机在执行任务时往往需要被人们看见。比如说，搜索救援飞机通常会采用高可视性的橙色和白色；靶机通常会采用红色；教练机普遍采用机身上白下红，红色翼尖的涂色方案，这样方便工作人员清楚观察和快速反应。白色反射率高，与天空、大地背景反差大，与此相反，有些飞机刻意将机身腹部喷上深色，便于隐藏机身的污渍，等等。

美国波音 247 是第一架真正现代意义的民用客机，也是第一架具有全金属结构和流线型外观、起落架可以收放、采用下单翼结构的飞机。波音 247 无全机的喷漆，仅在后机身和垂尾上有标识的喷涂。喷气时代的民用飞机以波音 787、空客 A330、空客 A350 等为典型，既有底漆也有面漆，喷涂样式丰富多样，具有美化机身、彰显时代特征、烘托造型、增加乘客感官体验，以及凸显航空公司品牌附加值的感性意义，是航空企业文化的一个重要部分。

7. 如何在飞机机身上泼墨挥毫？

在飞机机身上"作画"毕竟不同于在纸面上挥毫。这有点像瓷器中的釉下彩，考验"画师"的是其图纹功力与对机身的细节把控整体构图能力，甚至还要加上一点点想象力。这是一种熟极而流、妙至毫巅的技巧。

一般来说，工业产品的涂装设计受工业生产方式、喷涂的工艺方法、产品的性能和工作环境等因素制约，但也应该遵循简约、和谐并富于装饰性的基本原则。

飞机之美，在皮也在骨。它虽然承载了商业、文化和审美上的意义，但也是和汽车喷漆一样的工业流程，包括防腐、防锈、防静电、防滑、导电等。成为航空公司、文化甚至审美标识之前，飞机涂装完全出于安全的需要。

飞机的安全性是生命线，是排在最首要位置的，一般情况下，飞机的发动机进气道、平尾、垂尾的前端、机翼的前端、机尾都不会喷涂。发动机进气道的最前端还有很多机身上的区域是钛合金材质，这些部分抗腐蚀性较强，所以不需要涂漆。一般情况下，飞机机翼上下都不会有涂装，只会有些航空公司的名字或者标志。机翼上方的灰色区域是飞机机翼的不可动件，灰色区域的周围那些乳白色区域几乎都是可以动的，这个区域是不允许有任何涂装的。飞机机翼表面经过特殊处理，尤其防止高空结冰。一旦结冰，那么气动外形就破坏了，升力就减少了。做好"面子工程"的同时，保障安全性是第一要素。

飞机的涂装，也就是蒙皮部分的工艺流程，一般情况下有以下三个过程。

第一步：表面准备，通过遮蔽保护—清洗—打磨—表面准备质量控制；第二步：材料准备，就是底漆、面漆和标志漆的各材料要充分搅匀，配置以及调整和过滤等；第三步：喷漆施工，喷涂底漆—喷涂面漆—喷涂标志漆。喷枪离飞机的距离、气流的强度、喷枪移动的速度、所喷漆层的厚度都是极其需要注意的环节。

飞机蒙皮受到底漆、面漆和阳极氧化层的保护，具有非常好的效果，不易产生腐蚀。但是随着飞机运营时间的不断累积，飞机蒙皮上也会有不断的腐蚀，后续喷涂技师的维护工作也非常重要。

二、有故事的飞机涂装

说到民用飞机的涂装，就不得不提航空公司标志的设计，这两者之间可谓焦不离孟，孟不离焦，都是航空公司品牌形象的重要关节。

1. 航空公司通过品牌形象想要告诉你的信息

航空业的蓬勃发展为人们的生活提供了极大的便利，出行的便利性使得世界成为一个联系的整体，加强了世界各国的往来，乘客选择哪个航空公司的航班，直接影响了航空公司的收益。

航空公司之间的竞争，其实是品牌的较量。品牌是航空公司经营业绩和社会影响力的一个综合体现，也是航空公司着力打造核心价值并传递价值的形象标志。卓越的品牌在为航空公司树立良好社会形象的同时，也为航空公司带来实际利益。

品牌是为了让一个产品在市场上持续地保持影响力，是作为沟通所期望的产品和服务的一种方式而存在的，或者是强调不同产品和服务之间的家族式关系。

品牌的较量首先要进行品牌形象设计。航空公司在市场竞争中想要独占鳌头或拥有一席之地，培养自己有效品牌是唯一的选择，品牌形象设计能减少消费群体的流失并稳定市场，品牌形象设计也是航空公司进行品牌延伸的前提。

品牌形象设计是基于正确品牌定义下的符号沟通，包括品牌解读及定义、品牌符号化、品牌符号的导入和品牌符号沟通系统的管理及适应调整四个过程，目的就是通过符号的沟通使受众储存和提取品牌印记。

航空公司的品牌形象设计，主要是指视觉形象设计，涵盖种类繁多，包括航空公司的标志设计和飞机涂装设计，是一种宣传品牌价值和品牌信息传递的手段。

标志作为一种大众传播符号，通过提炼文字或图形的形式来传达丰富的信息。个性化的航空公司标志不仅提高了其公司的认知度，同时也成为各国乘客了解航空公司所在国文化的"眼睛"。

一般来说，文字是品牌形象设计的第一步，也是最重要的一步，直接表达了航空公司对自身的定位、目标消费群的诉求及服务内容。文字部分既包括品牌名称，也包括与此有关的广告宣传语。

飞机产品是飞机制造和运营企业的文化符号和承载体，是企业文化的化身，人们是通过飞机产品来认识企业的。航空公司的形象是空中流动的名片，喷涂在机身上的彩绘标志和涂装不仅用来区分不同的航空公司，也表达出航空公司的定位、品牌特点的塑造与企业文化的独特内涵。

飞机涂装设计作为通过对造型、结构和功能等方面进行综合性的设计，具体目标是为航空公司提供可执行的设计方案，其社会目标则要求有育人功能，培养人们的审美情趣、引导人们的正确消费等，极具广泛的意义。而所有的这些功能性要求都体现在产品设计的文化内涵中。任何一种产品都必须具备核心层、有形产品层、附加层，从而构成产品整体概念。核心层表达了产品的效用或服务，有形产品层包括质量、样式、品牌、包装、特点等五大特征，附加层即是产品设计者所能提供的附加服务和附加利益。

涂装不仅仅是飞机的"容颜"，也显示飞机的"身份"，机身涂装是航空公司品牌视觉化的重要展示窗口。

飞机涂装蕴藏着丰富的内涵，总的来说，与航空公司整体形象是一脉相承的，除了常规的涂装样式外，特殊涂装的种类可分为：

序号	特殊涂装类型	实　　例
1	对航空公司的纪念意义	吉祥航空第 100 架波音 787 涂装
2	表明联盟身份	天合联盟、星空联盟等涂装
3	表达与特定企业的合作关系	四川航空"五粮液号"涂装
4	宣传航空公司所在地的大型活动	世园会、世博会涂装
5	卡通图案的涂装	东方航空"迪士尼号"涂装
6	纪念某些政治事件	新加坡航空庆祝国庆 50 周年涂装
7	为某个机型设计的特殊涂装	荷兰航空波音 747 涂装

知名度永远都不够！飞机彩绘是一个全新的传播宣传载体和崭新的视觉体验，是一个信物，是一个符号，是一个媒体，是产品项目宣传、重大文化活动、产品竞争中的有效手段，对提高认知度和知名度具有重要作用。

彩绘飞机就像是蓝天之上移动的画廊，所到之处，令人为之侧目，飞机的涂装设计，可以说是运用视觉符号元素在飞机蒙皮上传递信息的视觉传达设计，冲击力强，时效性长，传播度广。

飞机涂装是展示航空公司企业文化、传递航空公司企业形象的重要平台，在信息时代，越来越受到传媒的重视。航空公司开始尝试机身载体的传播，好的涂装设计有助于航空公司树立良好的形象，提高企业的商业竞争力。人性化地发展彩绘飞机文化，不仅能体现传统文化、地域特色和现代时尚，还具有亲和力，使乘客对"飞机"的好感度倍增。

2. 航空公司品牌形象设计理念

正如一个人的形象、着装品位、言谈举止在一定程度上反映了性格、性情一样，航空公司的标志设计和飞机涂装也是展现品位和定位的一扇窗户。

航空公司要想真正地体现企业价值，并具有真正的竞争优势，就必须要创建一个强势的品牌形象。当然，这是一种由内而外的散发，"行贤而去自贤之行，安往而不爱哉"。品牌的建立和品牌的传递是航空公司构建持续性发展战略的目标，建立优质和强势的品牌更应是航空公司战略管理的愿景。

你漫步在街头，行走中看见一个美人，虽然是一闪而过，但你眼角的余光扫过之时，就已被她惊心动魄的美所震撼。这样的"惊鸿一瞥"，就是视觉符号的关键之处。

从广义上说，航空公司品牌形象设计的个性化是首要任务，如同一个有个性的人，会一下子被人记住一样。

根据航空公司的战略定位、特点确定主题和结构来量身制订方案，由整体到细节来进行层次链接设计，塑造个体的独特风格，最后调整与整个企业文化和谐一致，能够使人一目了然。借助区域性经济文化特点、文化元素特征，制定代表地域性的航空公司品牌形象，可以让乘客直观地感受到航空公司所具有的浓郁的当地特色。

品牌可以浓缩成符号，飞机在航空人眼中和心中不仅仅是一件产品、一个标志，作为朝夕相处的"亲密伙伴"，有了情感的倾注，对飞机元素的把控更加炉火纯青。很多航空公司直接对自己手中的"器物"提炼设计，用"飞机"符号作为航空公司的形象与产品一脉相承地展现（图99）。

挪威航空公司的标志直接用公司的域名，一架飞机围绕域名飞行，象征公司从这里出发，形象生动，让二维的空间一下子富有动感的朝气，蓬勃的气氛与"全世界发展最快的航空公司"品牌定位图文呼应，让人一下子记住了行业的属性和品牌形象。值得一提的是，挪威航空几乎每架飞机垂尾上都会喷绘一位名人的肖像，彰显了独特的航空公司形象，让人过目难忘、回味无穷。出生于瑞典的女演员葛丽泰·嘉宝就曾登顶梦想飞机波音787-9的飞机垂尾，成为在空中飞行的美人儿。

芬兰航空公司的标志展现了一幅蓝天下一架飞机在飞翔的画面，而这架飞机也是字母F的变形，呼应了芬兰航空名称的首字母。

罗马尼亚航空公司创立于1954年，标志由国旗变形而成，整体呈现飞机垂尾的造型，从左至右依此为蓝、黄、红三色，蓝色部分中间有白色圆圈中有一架飞机形状，蓝色表示蓝天，黄色表示丰富的自然资源，红色表示人民的勇敢和牺牲精神。

丹麦空运航空公司的标志，一个圆形中有一架飞机，飞机将圆形分割成五块，红、黄、橙、蓝、绿五种颜色填充，五彩缤纷又突出主题。"红鼻子"的造型使得飞机憨态可掬，萌感十足。

阿尔及利亚航空公司的标志是一架飞机的延长变形图案，整体是红色，象征热情好客。

加拿大Jetlines航空公司的标志是一个平面的飞机剪影，飞机尾部右侧的弧线和飞机机翼上的发动机巧妙地组成一个笑脸造型，只不过这个笑脸显得有些诙谐和调侃的意味，但是这个诙谐的笑容并未体现在每架飞机涂装上。

瑞士航空公司的标志是红底的飞机尾翼，白色瑞士十字加"SWISS"的组合，能让人快速地辨认出这是瑞士的航空公司。瑞士航空公司空客A340"旧金山"主题的飞机涂装也是一派生动有趣、生机盎然的图景。

位于南太平洋的岛国巴布亚新几内亚航空（Airlines of PNG）的标志同样是以飞机尾翼为背景，融入了各种当地民族元素，色彩包含黑、白、红、黄，来源于巴布亚新几内亚

air malawi

马拉维航空公司标志

CABO VERDE AIRLINES

佛得角航空公司标志

喀麦隆航空公司标志

阿里亚纳阿富汗航空公司

图 99　各航空公司标志

norwegian.no

FINNAIR

TAROM
ROMANIAN AIR TRANSPORT

DAT

AIR ALGÉRIE

jetlines

SWISS
Our sign is a promise.

PNG Air

PLAY

图 100　飞机元素的航空公司标志

国旗的颜色，延展到飞机涂装上，也使得飞机机身生动有趣，展现了纯真、美丽有原始的岛国风貌。

冰岛廉价航空 PLAY 航空公司的标志由红色字母"PLAY"及飞机的剪影组成。你看见飞机图案了吗？没错，它藏匿在字母 A 和 Y 之间，正和你捉迷藏呢！火红热烈的涂装飞机正风风火火地向你驶来呢，保证你过目难忘！

除此之外，世界上还有好多以飞机元素为设计起点的航空公司（图 100），用鲜明的形象元素向自己致力的事业致敬。

3. 航空公司品牌形象与字体设计

标志既可以是图形，也可以是文字。文字是语言的视觉符号，不仅具有书写和语音传递的功能，还具有视觉形象的表述功能，是一种具有可读性的信息传递方式。为了通过视觉，清晰地向大众传递信息和设计者的思想意图，应用文字时应提高文字的精简性和可读性，言简意赅、准确地表达出有效信息。

字体设计要服从表述主题的要求，要与其内容吻合一致。一条标题、一个字体标志、一个品牌都有其自身内涵，将它准确无误地传递给受众，是文字设计的目的。文字作为视觉传达过程中重要的形象要素，通过简单明了的刻绘，传达情感。因此，字体的设计必须有视觉上的美感和冲击力。

识别性、整体性、艺术性，是航空公司品牌形象字体设计中的基本配备。

首先，字体设计必须简洁合适，易读、易记、易懂，才能更有效地传达品牌形象，最大限度地保证品牌被更好、更快、更准地传达给受众。其次，为了更好地传达品牌形象，还要充分考虑到字体和品牌的其他要素以及不同场合使用时的整体性。正是字体设计的识别性和适当性的要求，使得在品牌形象独特个性的传播过程中，字体起到了十分重要的作用，可以更好地营造出品牌形象的整体美感。最后，字体设计必须符合审美要求，文字在视觉传达中作为画面的形象要素之一，具有传达情感的功能，因此必须具有视觉上的美感，给人以美的感受。优秀的字体设计能让人过目不忘，既起着传递信息的功效，又能达到视觉审美的目的。

标准字体的设计可划分为书法标准字体、装饰标准字体和英文标准字体的设计。抽象的笔画通过设计后所形成的文字形式，具有明确的倾向，形式感与传达内容是一致的。

字体笔画和结构可以根据需要而变化、增减，标准字则主要包括品牌字体、企业名称专用字体和企业专用正文字体，其中，品牌标准字和企业标准字只需设计出需要用到的少数几个字，既要保证一定的视觉辨识度、易识别，又要体现独一无二的创意，而航空公司专用正文字体则必须保证良好的视觉辨认度和易读性。除了以视觉创意为核心，保证一定的识别度，国内企业名称和品牌标准字体的设计，一般均采用中英两种文字，以便于同国际接轨。从设计的角度看，字体根据其形态特征和表现手法，可以分为等线体、书法体、装饰体和光学体四类。

　　航空公司在品牌传播过程中，品牌形象中字体设计除了要体现出品牌的精神和内涵、创意和美感，更重要的是要确保品牌形象是否明了准确地传达给受众人群。

　　菲律宾宿雾太平洋航空公司品牌形象的字体设计，全新的形象标识在原来的字体设计上做了删减和优化，移除了不必要的元素，字体由原来的大写变为小写，象征着宿雾太平洋航空不断的成长和发展。

　　韩亚航空公司标志由英文 ASIANA AIRLINES 和红色箭头图标组成，左侧 ASIANA AIRLINES 的字样以坚实的字体构成，而让人联想到韩亚航空的企业形象，由此增强顾客对韩亚形象的信赖。标志名称是翅膀，意味着韩亚与顾客同行，生动的形象向世人展现出韩亚开拓进取、与时俱进的良好精神，强调韩亚将和顾客一起共建未来的信念。

　　阿联酋航空公司的标志以红白为主，图案是阿联酋航空"Emirates"。上半部分用阿拉伯文的"神圣字体"写法写出"阿联酋航空（Emirates）"，从右至左可以读出，加上下面英文名称一起，组合成阿联酋航空的标志。阿联酋航空一直是航空服务界的标杆，涂装也是创新力十足，引领风尚。

　　巴西戈尔航空公司（GOL Airlines）的标志，在字体上将两个大写的字母"O"交织在一起，代表公司的使命和愿景，同时也有连接的概念。

　　俗称老虎航空的欣丰虎航公司（Tiger Airways），是新加坡的一家廉价航空公司，旧标识中那只跳跃的猛虎如今被一行显得更加友好的圆体字体标志所代替，其中"g"字母更同时隐含了虎尾，同时也可看作一个橙色的微笑符号，从具体形象到抽象简约，不失为审美情趣的一次重大飞越。

　　意大利航空公司（Alitalia）标志尾翼三色字幕"A"有力体现意大利三色国旗，设计具有明朗的拉丁气息，洋溢着自由和独创的奔放气质，更加现代、非斜体风格的字体传递了意大利航空的信心和魄力。

　　亚洲航空公司是马来西亚的第二家国际航空公司，也是亚洲规模最大的低成本航空公司，白色的字母简约大气，与红色的徽章相得益彰，充满热情和活力。亚洲航空公司的飞机涂装形象多变，千变万化，极富创意。

　　2012 年 8 月，日本亚洲航空公司改名为 Vanilla Air（香草航空），选择"Vanilla"作为航空公司的名称，其灵感来自食材香草简洁而精练的形象，因为世界各地的人都喜欢香草的味道。从设计角度说，它调动了感官设计的元素组成，扩大了体验感。

信息传达的目的不单是通过强烈的视觉冲击来吸引人们的注意，而且要潜移默化地渗透到五官中去。在还没有意识到其存在时，成熟、精准、有力的传达已悄然完成了。原来人类的空间意识，按照康德哲学的说法，是直观觉性上的先验格式，用以罗列万象、整顿乾坤。然而我们心理上空间意识的构成，是靠感官经验的媒介。我们从视觉、触觉、动觉、体觉都可以获得空间意识。

以色列航空公司的标志以希伯来语、罗马字译写 Ei Al，与国旗组合而成，意为"朝向天空"。希伯来语是犹太人专属的民族语言，是世界上最古老的语言之一，有着悠久的文明历史，一看到这样的文字，历史的厚重感不遗余力地展现出来，跃然于眼前。

阿联酋的阿提哈德航空公司的标志充满了浓郁的中东风情。被称为"阿布扎比缩影"的设计涂装，采用了能够表现出阿联酋自然景观不同色调的渐变，尤其是尾翼上的色块由深到浅，沿承了阿联酋的传统设计样式，从现代阿拉伯文化所体现的沙漠风景和地貌中获得灵感，非常引人注目，作为阿布扎比酋长国精神和文化的高度体现，充分展示了阿布扎比丰富的历史文化积淀。

跨界宣传的方式不仅为企业的视觉形象带来了流量，更能潜移默化地影响大众的感受，使他们悄无声息地和企业建立起情感的共鸣，从而实现企业的经营策略和目标。

为了大力宣传世界一级方程式锦标赛阿布扎比大奖赛，阿提哈德航空公司独辟蹊径，将旗下的空客 A320-232 客机涂成了黑色；为了世界杯的宣传，将另一架波音 777-31HER 客机涂上了 2006 年的世界足球锦标赛的徽章。飞机涂装的色彩、字体和图形都很别致，吸引眼球，提升了大量的关注度。

字体的创意和设计表现得是否恰当，在品牌传播过程中，起到至关重要的作用。

2016 年开始营业的首尔航空公司（Air Seoul），定位是低成本航空，现代、简洁的文字标志象征着首尔航空的干练与合理服务。其中"λ"（韩语首字的组成字母）既是首尔随处可见的山的形象，也象征着上升，"○"（韩语"尔"的组成字母）既是缓缓流淌的江水的模样，也象征着舒适。"λ"与"○"交叉形式的图形主题意指首尔航空的朝气、活力能量。Air Seoul MINT 象征着首尔航空提供的价值，即 Open、Refresh、Relax、Pleasant。

4. 汉字的力量

汉字是中华民族独有的文字，作为汉文化表现的符号和传播工具，是华夏文明和中华文明的夯实载体，对中华文化的记录具有准确性、稳定性和独一性。汉字本身的形态具有鲜明的时代文化特色，字体随着时代发展的需求，形式多样，各具特色，具有很强的艺术形式美感。汉字造型充分体现了每个时代特有的设计风貌。

汉字，各个单体自身之笔画错综复杂，而单体与单体间距离搭配又变化繁多。汉字不断创新、不断发挥汉字元素的魅力，在一定程度上，能直接或间接地反映思想特点和思维方式，使人深切感受到中华文化和中国文字的博大精深。

汉字发展至今，共有甲骨文、金文、小篆、隶书、楷书、草书、行书"七体"。独树一帜的汉字形体创造就必须强调设计的原创性、独特性，实现一望而知、简明扼要且易于识记的视觉效果。对设计的信息过目不忘，领会到意念与主题，是汉字造型设计不变的基本原则。汉字笔画的象征意义强、内涵丰富，被认为是表形和表意文字的典范，所以在品牌形象设计中，把汉字图形化，有时候会以密集的汉字形成特殊的肌理效果；在中国的航空公司品牌形象设计中，以汉字、书法作品作为品牌标志的趋势也成为一种风尚。

中国书法，本身是一种类似音乐或舞蹈的节奏艺术。它具有形象之美，有情感与人格的表现。其结构若无错综俯仰，即无姿态；其笔顺若无先后往复，即无气势；其布局若无行列疏密，即无组织；其运笔若无正侧险易，即无变化。书法中重视的笔势飞白和墨韵渗透，是借力于偶然性的意外之美。黑体字粗壮有力、沉雄豪劲；宋体字方正稳重、和婉清丽；楷体字高逸幽雅；隶体、魏体和舒体笔画圆润、娟秀隽永，不胜枚举。中国字若写得好，用笔得法，就成为一个有生命有空间立体味的艺术品。

汉字运用在航空公司标志设计中不可忽视的优势，后者不仅可以通过汉字所特有的"以形表意""形意结合"的特点传达企业文化，同时还可以将中华民族的文化发扬光大，可以使有限的线型形态传递出无限的韵味。唐代书法理论家张怀瓘在《文字论》说："文则数言乃成其意，书则一字已见其心，可谓简易之道。"其一语道破书法的简化与直观，更是书法所有精妙和深奥的浓缩。我们中国人讲求主客观的高度统一，认为"心"是精神的寓所，是灵魂的所在，比眼睛更具有辨识事物本质的能力，同时，它又自主地拥有一个完整的世界，与自然相对应。书法的魅力正是如此，一字见心的艺术形象，辩证和智慧地将精妙与深奥、直观与深刻统一于一体，让人久视弥珍，心追目极。

航空公司在形象设计中，结合实际需求，对汉字的结构笔画、大小与色彩进行整合，赋予汉字优美的造型和深层次的文化内涵，以汉字的信息传达作用，来提升品牌的认知度。出类拔萃的汉字设计，不仅使信息内容得到有效的传达，其形式也能使受众从中感受到艺术视觉的感染力，并得到视觉审美的享受。

在汉字凝聚形式美、结构美，独具东方文明意蕴的基础上，利用隐喻手法可以使其成为具有独特个性与风格的视觉和思想的文化传达载体。

桂林航空公司的标志中篆书印章"甲天下"将东方特色与桂林山水巧妙融为一体。"桂林山水甲天下，绝妙漓江秋泛图"，形象生动地展现出桂林山水享誉天下的含义。动感强烈的飘带形似如意造型，笔锋纵横捭阖，力韵绵长，既体现桂林两江、四湖"水"的概念，也表达了桂林航空为顾客提供吉祥如意、平安幸福的旅行。整个标志展现桂林航空青春、活泼、前卫的航空形象和风格气质，也预示桂林航空未来将如桂林山水般优秀，与桂林航空发展旅游航空的中心思想紧密契合。

云南祥鹏航空公司标志选取中国传统字体——篆体，篆书有"中含""浑劲""婉而通""萧散超逸"的特点，铿锵有力，方圆相济。它以印章的形式进行创意设计，充分彰显了汉字元素的独特魅力，在国内航空界可谓独树一帜，具有鲜明的特色，熠熠生辉，将伴随祥鹏的航班将中国元素展现给世界各地的旅客。

北部湾航空公司的标志看起来充满国际感，但实质蕴含着浓浓的中国特色及地域特点。"GX"为广西拼音首字母的缩写，将中国书法与手写体英文相结合，同时融入升腾笔势与飞白手法，枯笔偶见露白以示筋骨，飞白则存心丝丝夹白以显轻逸之势，营造飘逸灵动之感。

深圳航空公司的标志用战国时期的象形文字大篆"朋"做隐喻，取名"民族之鹏"，含有"有朋自远方来"的意思。在中国传统文化中，鹏鸟与传说中的龙、凤一样，是一种古老的图腾鸟，中国人常以大鹏隐喻高远志向、豪放气概。"鹏程""鹏举"等寄托着人们对远大前程和抱负的美好期望。深圳航空整体标志色彩使用"中国红"，体现出浓厚的民族文化底蕴和独具特色的东方神韵。其新颖的表现手法与浓郁的文化内涵结合，带给人们民族化、国际化的感受，同时呈现深圳航空"沉稳，诚信，进取，热忱"的服务理念（图101）。

5. 航空公司品牌形象与色彩设计

伊顿说："色彩是一种力量。无论我们对它察觉与否，色彩效果不仅在视觉上，而且应该在心理上得到体会和理解。"

色彩在品牌形象设计中是不可或缺的一部分，品牌形象的色彩具有一定的视觉心理作用。色彩心理学研究表明：色彩体验是一种心理感觉，日常生活中观察的颜色在很大程度上受心理因素影响，人们对色彩的反应更多地与情感产生关联。

美国营销界著名的"7秒定律"告诉我们，消费者会在7秒内决定是否有购买商品的意愿，而在这7秒钟里，色彩的决定因素占到了67%，可见色彩的重要性。

色彩可以唤醒人们的感受和情绪，可以帮助品牌有更好的识别度，在缤纷的标志中独树一帜。

图 101　深圳航空公司波音 737 飞机涂装

色彩心理学中的色彩与物理学中的色彩相互对应，不仅仅是简单的正比关系，之间还存在着不同的特征。黑色象征权威、高雅、低调、创意；灰色象征诚恳、稳重、考究；白色象征纯洁、神圣、善良、信任与开放；而深蓝色，则象征着权威、保守、专业、中规中矩和务实。

色彩同样具有隐喻的功能，富有象征意义，例如绿色是生命的象征，红色象征革命，蓝色代表天空、海洋，等等。

色彩具有强烈的刺激性和代入感，拥有温度。让色彩的运用在受众心理上得到释放，在设计中的隐藏目的和属性达到共鸣。色彩设计有助于吸引我们的注意力，提升辨识度，还能够突出标志所蕴含的深层魅力，发挥其象征、寓意和联想的功能。人类对色彩有着经验性的记忆，它们是在人类进化的漫长过程中渐渐积累的经验印象。形象设计中色彩的隐喻是基于色彩对人们产生的心理效应，心理效应和人们的经验、习惯、个性及所处的环境相关。将隐喻运用到标志设计中时，应注重色彩带给人的心理感受，进而使色彩情感进一步升华。

蓝色是天空，是海洋，是空气，是深度和无限，是自由和生命，蓝色是宇宙最本质的颜色，蓝色仿佛是航空公司的专属色。蓝色意味着信任、忠诚、自信和智慧，蕴含沉稳的特征，具有纯洁、理智、准确的意向，并为人们带来心灵的平和与安宁。蓝色还象征着平静和反省，具有科技感，是对未来最好的诠释。

法国蜜蜂航空（French Bee）用蓝色贯穿标志首尾。不同色调的蓝色交织成一幅优雅、沉静的画面，蓝色的蝴蝶富有跳跃性地活跃了标志的冷郁气质。

红色，代表进取、活泼、强烈，是张扬奔放、热情似火的颜色，流露出喜庆、热情、激情、积极的情绪，是暖色中让人感觉最温暖的颜色。

北风航空公司（Nordwind Airlines）的总部位于莫斯科，经营航线目的地多为地中海及印度洋一代的度假胜地。北风航空的标志由沉闷的暗红色升级成"森巴"红，能带来高昂的能量和风情，引起热烈的回应。

一直使用蓝色作为其主题色，保持品牌的经典形象。蓝色代表着"能治愈波浪和风的神"，表示着飞行的安全。无论从哪个角度看，全日空的标志都简约大方，展现了明艳美好的面容，蕴藏着空中的激情和对安全的保障。

华龙航空公司（Sino Jet）的标志设计中，除了运用"龙"这一中华传统符号进行图形隐喻，在色彩的选择上，标志的配色源自对传统的尊重与青睐。红色似火，蓝色如水，两者的交融共生呈现水火相济的平衡卦象；蓝色比天，红色为地，描绘出天地协调的盛世之景，寓意华龙航空"天地一体化"的至臻服务理念。

大韩航空公司（Korean Air Lines Co., Ltd）的标志利用红蓝两色来标志韩国国旗的色彩，使用韩国国旗中的阴阳原则，引用"太极"纹样中的红色和蓝色的和谐统一，以表达动力的感觉。红色、蓝色、浅蓝色，蓝色、是水，是空气，是深度和无限，是自由和生命，形成独一无二的大韩航空色彩。

同样是红蓝两种颜色，重庆航空公司（ChonrgQing Airlines）标志中的红、蓝两色象征长江和嘉陵江两江交汇。设计灵感源于中国传统文化八卦图和长江、嘉陵江，标志形似两只手交相紧握，又似两江汇合，意蕴深厚，体现出重庆航空立志成为重庆市场的领导者的雄心壮志，并将以"激情、高效、责任感、有所为"为服务理念，用特色服务营造温馨旅程，用热情和爱心为旅客打造尊贵之旅。

黄色给人轻快、充满希望和活力的感觉，具有年轻、时尚等属性。

文莱皇家航空公司（Royal Brunei Airlines）的标志是黄色的斜四边形，是文莱达鲁萨兰国政府的载旗航空公司。黄色是文莱国旗主色，褐色的是文莱国徽，温暖而明快的黄色调展现了文莱航空提供一流顾客服务和家庭式温馨、和谐与宁静的氛围。

美国精神航空公司（Spirit Airlines）的亮黄色标识青春活力，使其在天空中变得闪亮无比，不失为"飞行的广告牌"。

绿色，是生命的原色，象征着平静与安全，表示生命、生长，代表了健康、活力和对美好未来的追求，也代表了青春、希望与快乐。

爱尔兰航空公司（Aer Lingus）的标志主要图案为三叶草，配色为清新的绿色。三叶草被认为是爱尔兰的国家标志，在1938年首次作为爱尔兰航空的标志出现，而现阶段的标志是1996年创建的，因为标志倾斜的外观，也经常被笑称为"醉酒三叶草"，暗合了爱尔兰人爱好饮酒的习俗。从一个标志窥见民族习性，可谓艺术来源于生活，是生活的伴侣，又高于生活。

塞浦路斯航空公司（Cyprus Airways Ltd）的标志是塞浦路斯特有的、代表着和平的橄榄枝，舒心、清新的薄荷绿成为塞浦路斯航空的主打色，颜色与图形共同组建了和谐的内涵。

马耳他航空公司（Air Malta）的标志用红色构建了一个醒目的形象，标志像一面旗帜，鲜红的底色，蓝色、绿色的线条和白色的十字勋章，象征着美好的愿景。

葡萄牙航空公司（TAP Portugal）的标志由字母"TAP"组成，"TAP Portuga"是葡萄牙语，红色和绿色对比强烈，视觉有强烈的冲突感，红色表示对1910年成立第二共和国的庆贺，绿色表示对被称为"航海家"的亨利亲王的敬意。

南非航空公司（South African Airways）的标志由南非国旗演变而来，色彩是最好

图 102   塞舌尔航空公司空客 A330 飞机涂装

图 103   中国传统五色体系部分颜色谱系

的语言，在红色部分还增加了一个金色的圆，表示光芒万丈的太阳。

同属非洲的塞舌尔航空（Air Seychelles）也用红色和绿色显示了热情大胆、艳丽的风格。塞舌尔航空公司的标志也是一面旗帜，上红下绿，中间一条白色，两只海鸥也暗喻了这是一个海洋国家（图102）。

菲律宾航空公司（Philippine Airlines）是菲律宾的国家航空公司。标志由两个三角形组成，一个红色，一个蓝色，蓝色象征忠诚、正直，红色象征勇气，蓝色三角形有八道较长的光束，代表最初起义争取民族解放和独立的八个省。

阿塞拜疆航空公司（Azerbaijan Airlines）是阿塞拜疆的国家航空公司。公司标志是由蓝、红、绿三种颜色组成，这三种颜色也是国旗的颜色，图案像是飞机跑道一样，具有动感和绵延的感觉。

"日出江花红胜火，春来江水绿如蓝"，在中国传统色谱里，隐藏着与众不同的韵味，或明媚或深沉，或洒脱或内敛，将中国传统文化中对色彩含义和象征的理解与设计理念相融合，营造出的感受更为深切（图103）。

中国传统的五色体系把黑、赤、青、白、黄视为正色，即本色、原色，将它们混合调配出新的颜色，叫间色。

中国五色体系部分名称表

色系	颜色名称	注解
黑	黛蓝	黑中带蓝之色
	乌色	暗而呈黑的颜色
	乌黑	深黑，漆黑
	黑色	亮度最低的非色彩的或消色差的物体的颜色
	墨色	即黑色
	墨灰	即黑灰
赤	海棠	淡紫红色，较桃红色深一些，娇艳妩媚
	胭脂	女子装扮时用的胭脂的颜色
	妃（绯）色	杨妃色、湘妃色皆同义
	酡颜	饮酒脸红的样子，亦泛指脸红色
	藕色	浅灰而略带红的颜色
青	青色	古代本义是蓝色，介于绿色和蓝色之间的颜色，类似于翡翠玉石的颜色
	花青	藏青色，用蓼蓝或大蓝的叶子制成蓝靛，再提炼出来的青色

色系	颜色名称	注解
白	雪白	雪一样的洁白
	月白	淡蓝色
	精白	—
	蓝灰	黑色和白色混合成的一种颜色
	鸭卵青	淡青灰色，极淡的青绿色
黄	牙色	像牙一样的颜色
	黄栌	一种落叶灌木，花黄绿色，叶子秋天变成红色
	紫檀/乌檀色/乌木色	檀木的颜色
	柳黄	柳树新抽芽时候的黄色

黑色在《易经》中被认为是天的颜色，传统意义上代表肃穆、沉默、恐惧，而现代设计理念又赋予了它沉稳庄重的内涵。

白色在中国古代色彩观念中具有多义性，"水光潋滟晴方好，山色空蒙雨亦奇"。"五行"说把白色与金行相对应，证明中国古人感觉到白色象征着光明，列入正色，表示纯洁、光明、充盈的本质，在现代设计理念中象征着高贵、神圣。

从某种程度上来说，黄色代表中国，我们是炎黄子孙，黄河是我们的母亲河，黄土高坡是我们的脊背。黄色在传统意义上是中心色，象征大地的颜色，中国有"黄生阴阳"的说法，把黄色奉为色彩之主，是居中卫的正统颜色，为中和之色。黄色是帝王之色，象征着财富和权力，皇宫、社稷、坛庙等主要建筑多用黄色；黄色又被视为超凡脱俗之色，是佛教奉崇的颜色。在现代设计理念中黄色代表着丰收、灿烂、明朗与辉煌等。

赤色又为红色，是中国人喜欢的颜色之一，在民间象征吉祥喜庆，"海棠不惜胭脂色，独立蒙蒙细雨中"。在现代设计理念中，它也同样象征着振奋、红火、热闹与喜庆等。紫色是祥瑞、庄重之色，民间有"画梁紫燕，对对衔泥"。

"雨过天青云破处，这般颜色做将来。"青色/绿色，是生机勃发的春天的颜色，传统意义上代表坚强、希望、古朴和庄重，清脆而不张扬，伶俐而不圆滑，清爽而不单调。在现代设计理念中将绿色的象征范畴定义为生机、希望与环保、和平等含义。

千姿百态的色彩，在每一个变化和深入浅出中，定义出令人心醉的美丽。由此可见，色彩作为品牌形象设计中的主要元素，设计师应以色彩心理结合中国传统色彩的象征内涵来进行设计。

吉祥航空公司的品牌标识在色彩选择方面，就是依托中国传统色彩的内涵和象征意义，结合现代的设计手法来展现的：含蓄的酒红色和典雅的金色作为主色调，表现出沉静与跃动的统一，构成最绚烂华美的色彩。设计师经过对图形线条的现代化处理，以色彩和图形的完美结合，金为阳、玉为阴而成吉祥，充分体现了中国文化和世界文化的融合以及吉祥航空所提供的高品质、便捷的服务和媲美国际水平的至臻愿望，是稳重与激情的结合（图104）。

乌鲁木齐航空公司的标志融入了新疆艾德莱丝绸与飞翔的和平鸽两种元素，诠释了乌鲁木齐的历史文化特征。色彩以黄金、紫红及绿色为主色调，分别代表吉祥、欢乐、生长之意，强烈地传达了乌鲁木齐的地域文化精神，机身涂装的暗色位置经营及其色带所占总面积的比重同样影响飞机的稳重感。

多彩贵州航空公司的品牌标识中运用绚烂的色彩元素展现品牌的独特性，五彩斑斓的色条组成的图形呼应了风光旖旎的贵州美景，美而不妖，艳而不俗。

曼谷航空公司被誉为泰国最精致的航班。曼谷航空的标志由蓝色、金色、红色组成，像一条飘舞的丝绸，配合飘逸的字体，是泰国文化的浓缩和象征。

美国西南航空公司的标志在红、蓝、黄的交相辉映下绽放出不一样的青春，热情奔放，热情似火。平等精神一直是西南航空倡导的精神内核，保持公司崇尚优质服务的文化，是西南航空成功的法宝。

西藏航空公司的标志提炼了藏族文化特有的元素——哈达和经幡：哈达象征真诚、纯洁，寓意西藏航空热情好客、服务周到、与世界人民的友谊地久天长；经幡象征吉祥和好运无处不在，祝愿旅程平安顺利。西藏航空的标识造型颇具动感，好似飞翔的翅膀，寓意西藏航空穿越雪域高原，带着人们的愿望远航。在色彩的表达上，它可看作一道雨后的彩虹，红色、黄色、蓝色、绿色随风帆摆动，寓意架设在世界屋脊的空中桥梁，多种色彩寓意四通八达的航线、丰富的旅程。

像天空一样不加约束，想象力更能释放空间。如果说普通涂装的飞机犹如一道"家常菜"的话，那么彩绘飞机就像是"法式大餐"，不仅内容丰富，仪式感更是相辅相成，让人身心愉悦、回味无穷。

那些"盛装"亮相的飞机背后，都承载了一段精彩的故事，在那些年里，惊艳了时光，为岁月留下浓墨重彩的画面。

6. 重要历史时刻的见证者

这些年在国家重大文化活动中，民航彩绘飞机见证了重要的历史时刻，在历史的长卷中，

图 104　吉祥航空公司波音 787 飞机涂装

留下了多姿的身影，它们是传递和平和友谊的使者，在万众瞩目中盛装飞翔。

2008年，盛夏夜的北京，奥运圣火将万众的欢呼声一起燃点，作为北京奥运会航空运输合作伙伴，国航在三架波音737客机机身上推出了三款奥运彩绘飞机涂装。2005年9月，首架奥运彩绘系列图案飞机"奥运号"隆重亮相，机身图案由青花瓷色渐变为羊脂白，象征着传递和平与憧憬未来。

2008年3月，一架注册号为B-6075的A330-200宽体客机取名为"奥运圣火号"（图105），肩负传递奥运圣火的光荣使命，在北京完成喷涂，成为北京奥运圣火传递专机，飞赴雅典迎接奥运圣火并开始境外传递之旅。这次传递飞越五大洲，造访20个国家和地区，飞行里程累计超过10万公里，它和奥运会守护传递圣火的英雄们一起，完成了光荣而伟大的传递使命。"奥运圣火号"全身喷涂色彩以红、黄为主，机身上的整个图案由25种不同色度的红黄颜色组成，设计者拉长火炬图案，彰显奥运圣火熊熊燃烧、生生不息的精神，机身前端书写"和谐之旅"，并有圣火、"Beijing 2008"和奥林匹克五环的标志。由于受时效性限制，奥运会结束后，B-6075和其他的奥运彩绘一起全部"退役"，"卸妆"后恢复为国航标准涂装。

2008年5月4日，"奥运吉祥号"从海南三亚起步开始圣火的境内传递，途经33座城市，分享奥运精神，传播奥运理念。

世博会建立了我们与世界的联系，每一届世博会都会对举办城市乃至举办国产生深远影响。上海世博会不仅展示了中国在科技、文化、产业等方面的重大成果，提升了中国的国际形象，而且促进了上海乃至整个中国经济的发展，为金融危机过后的中国经济发展提供一次契机。2010年，为推广世博会，传递上海世博会主题精神，中国东方航空公司的"世博号"（图106）充分融合了鲜明的时代特征和中国文化的特点，涂装设计简洁明快，富有感染力，表现出世博理念和东航服务品牌的创意，很容易让不同国家和地区、不同文化背景的人理解和接受，是东航参与世博、服务世博的有效途径，是向全国人民、全世界人民寄送世博祝福和问候的最有效方式。

"世博号"在机身前部，橙色底纹上喷绘绿色的上海世博会会徽图案，绿色的底纹喷绘世博会主题"城市，让生活更美好"（Better City，Better Life），与东航"银燕"标志巧妙搭配，不仅传递了上海世博会的主题，也体现了中国欢迎世界各国参加世博会的热情。"世博号"飞机把上海世博会的问候带到世界各地，与全国人民、全世界人民共同分享盛世华章，共同演绎生生不息的世博精神，共创多姿多彩的旅行生活"Better City，Better Life"，意义非凡。

2011年，为宣传、展示西安世界园艺博览会（简称西安世园会），东方航空公司也换

图 105　国航"奥运圣火号"空客 A330-200 飞机涂装

图 107　东航"世园号"空客 A320 飞机涂装　　　　　图 106　东航"世博号"飞机涂装

上了"新装"，两款风格迥异的涂装以"天人长安·创意自然——城市与自然和谐共生"为主题，提取西安世园会会徽"长安花"元素，突出"绿色引领时尚"理念，充分展现了设计的抽象美和形式美。其中一款设计（图107）从长安花的结构中提取每一层的元素，采用打散花瓣重新组合的形式，将大小不一的花朵设计出多种组合，呈现了种类繁多、繁花似锦的景象。"一生二、二生三、三生万物"，它寓意百花争艳的效果，花瓣大小产生变化、方向进行扭转，从机腹部疏密有致地上升排列，结合机尾上升的态势与尾翼的竖直面，汇集形成上升的动态，呈现一种跃动、飞扬、生机勃勃的感觉，增添了活力。同时，设计注重图形的留白和前后呼应，在视觉上简洁大方，也充分践行"低碳"和"少即是多"的绿色设计理念，受到广泛好评。

南航的"亚运号"以蓝色为主调，深浅渐变，左右机身上喷有"第十六届亚运会会徽"及作为亚运会合作伙伴的南航标志，还有色彩斑斓的亚运会吉祥物"五羊"，仿如一同在时间长廊上洋溢着春风，向我们款款走来。喷漆图案与本土文化的完美融合，使得整个机身看似热情大方而又不失稳重，感觉亲密熟悉而又不失创新，给人们以耳目一新的感觉，或许这成了许多老百姓心目中南航作为亚运合作伙伴的第一印象。

"世园号"、"盛世号"是2019年国航以北京世园会为主题的A350-900彩绘飞机。世园会是世博会的重要组成之一，国航这三架世园主题的彩绘飞机，"护航绿色梦想，共筑美好家园"（Fly Green Dream，Build Green Planet），向全球更多地区和更多人传递绿色梦想。

阿联酋航空公司在定制的"2020迪拜世博会"中完成了40架飞机的涂装（图108）。2017年，新款制服首次在阿联酋航空公司的波音777-300ER上展示，它采用了蓝色"机动性"贴花。这一系列的彩绘飞机设计灵感来源于在迪拜考古遗址发掘的4000年历史的戒指，由圆形、箍形和泪珠形状组成，三种颜色与2020年迪拜世博会的主题颜色珠联璧合，橙色代表机会，绿色代表可持续性，蓝色代表移动性。

英国航空公司为了推广2012年的奥运会，将两架空客A319飞机涂装成有别于传统涂装的金色。这只奥运鸽金色的羽毛装饰在飞机周围，传统的红色和蓝色的标志也被涂成金黄色，在伦敦奥运会期间，时不时飞抵希思罗机场，吸引众人目光。

2019年，日本航空公司为了宣传东京2020奥运会，将波音777-200飞机机身喷绘了2020东京奥运会吉祥物Miraitowa和残奥会吉祥物Someity，闪亮登场。

2014年，一架喷涂着"中法建交50周年"的国航飞机平稳降落在巴黎戴高乐机场。这架中法两国友谊象征的飞机涂装，一侧是"庆祝中法建交50周年"的中文文字，并画着代表中国的天坛图案，另一侧是法文与代表法国的埃菲尔铁塔图案。纯白的机身后部绘有

图 108　阿联酋航空公司"2020 迪拜世博会"波音 777-300ER 涂装

红与深蓝相间的写意色块，两种颜色分别取自法国国旗的蓝色与中国五星红旗的红色。航空合作既是中法各领域合作的重要助推器，也是反映中法关系不断发展的一个窗口。

同样在2014年，时逢中华人民共和国母亲65岁华诞，国航第20架波音777-300ER"AIR CHINA 爱 CHINA"彩绘涂装飞机在美国西雅图交付。

这架飞机以白色喷涂为底色，机尾醒目的"AIR CHINA 爱 CHINA"喷涂与机头鲜艳的五星红旗呼应；机身上充满中国元素的红色绸缎象征国航与祖国密不可分、心系情牵；"CHINA"中的首字母"C"进行了艺术处理，包裹住关键字"爱"，饱含了国航对祖国的深情，象征着国航与祖国共同发展的追求，满载着国航人的爱国情怀和祝福，启航向未来。

为了纪念1997年香港回归，国泰航空的一架飞机波音747-267B客机涂装用十分简约概括的笔法，描绘了一个繁荣的香港、一个世界金融中心的城市轮廓，用"香港精神"来见证这历史性的时刻。

2019年，正值中华人民共和国成立70周年，为了表达对"大飞机梦"的热切凤愿，一架名为"中国梦"的ARJ21-700飞机（图109）横空出世，值此盛景，交付给成都航空运营。"中国梦"飞机涂装运用简洁抽象的几何图形，勾勒出成都锦绣天府塔、安顺廊桥，上海环球金融中心，中国馆，中央电视台大楼。地标性的建筑印证着祖国高速发展的强大态势，展现出中华人民共和国成立70周年以来取得的经济发展和辉煌成就。上海、成都围绕在首都北京两侧，象征着中国商飞、成都航空为国产商用飞机事业的发展、为实现美丽的中国梦而勇于担当的民族情怀。可爱的国宝大熊猫以俏皮活泼的姿态穿插在建筑物中，喜迎四方来客。渐变的几何色块颜色绚烂缤纷，梦幻中带有未来感，烘托出澎湃活力与无限可能，映射出五彩斑斓的中国梦，为中华人民共和国70周年华诞献上了一份浓情厚礼。

7. 多彩城市篇

极具地域特色的涂装，宛如一张张亮丽的流动名片，将城市的文化和形象传递到远方，也带回城市间互动的美好情怀。

2008年，国航的"秀美四川号"，主题图案为水墨画喷涂大熊猫母子亲密形象，象征中华民族大家庭的相互关爱精神，竹枝图案挺拔修长，预示经济、旅游的发展节节向上，独具古典韵味，川味浓郁的熊猫和太阳神鸟为四川旅游增添了一张对外宣传的空中流动名片。

同样的熊猫题材，四川航空的熊猫彩绘更为俏皮。四川航空公司首架空客A350宽体飞机以创意熊猫主题彩绘喷涂飞机机身（图110），在航班服务中融入熊猫元素与地域文化，推出"熊猫"主题航班，让更多中外旅客感受四川、感受中国的川味文化。

2009 年，国航的"锦绣湖北号"（图 111），以武汉市梅花和"锦绣湖北"字样为机身彩绘元素，成为湖北省空中形象大使，在空中 T 台上一枝独秀，绽放光彩。

2013 年，国航的"天骄内蒙古号"（图 112），结合了内蒙古出土的华夏第一龙的造型、蒙古族代表图案和马鬃的卷曲火焰纹，以契合"天之骄子"的主旨。

中国联合航空公司的"展示地域特色文化的城市主题系列"的彩绘飞机，成为城市宣传的推广大使。无论是全球首架移植中国写意画到机身的"安顺黄果树号"、采用隋唐散点透视的屏风及壁画艺术表现形式呈现出一幅完整的梦境画作的"包头创梦号"，还是以前端的深海生态画卷和后端的海上日照景观完整地呈现出日照的海滨印象的"日照号"、全球首架工笔润染彩绘飞机"兴义号"、全球首架几何变色彩绘飞机"庆阳号"，这些彩绘飞机不仅外观吸引人的眼球，还开辟了中国联航助力旅游城市营销宣传发展的全新营销渠道，将有着悠久文化历史、独具特色、风景优美、人文气息浓厚的名城山山水水从空中飞到了全国，旅游目的地城市的特色和资源通过飞机这样的桥梁，连接了境内外的旅游爱好者。

全球首架国画写意的"安顺黄果树号"选用波音 737–800 型客机（图 113），喷绘图样采用黄果树大瀑布图案，将"中华第一瀑布"的黄果树瀑布的雄伟和壮丽以中国写意画形式平移到飞机机身上。它通过结构性抽取安顺黄果树瀑布的动态线条，并在机尾予以转化成手绘版安顺瀑布形象，直观表现"安顺黄果树号"瀑布概念；在飞机前端用朱砂红印配合中国画的浓墨赤彩之韵味，配合整机的白色底色，更有效地展现了中国画"纷而不杂，韵而独具"的精髓，画幅中飞动的画面与留白处处交融，形成整体流动的虚灵的节奏，气韵生动由此产生。

"包头创梦号"，将包头的草原、蓝天、白云、河流、市花、鹿、百灵鸟等地域文化符号充分展现出来，充满魅力的草原顿时让人心生向往。设计师从隋唐时期的屏风画中找到灵感，"包头"两个字的字体也来自隋唐时代，盛唐时期的气息扑面而来。

中华民族早期农耕文明的发祥地之一的庆阳市，被称为"陇东粮仓"，20 万年前就有人类繁衍生息，7000 多年前就有了早期农耕。面对其灿烂辉煌的农耕文化史，"庆阳号"以"奇幻的苹果庄园"为主题，将庆阳苹果呈现于机身之上，通过对几何苹果的创作以表达奇幻的苹果农场意境。创作应用"同题不同技，同地不同艺"的文化历史回顾画卷。在飞机前端与末端，"苹果枝干工笔图""紫斑牡丹工笔图""腾云图"等插画元素将飞机两端串联，寓意"梦起陇东"促一带，"和平融通"拓一路。将尘封千年的庆阳陇东文明通过适航技术平移至航空器之上，分享予世人。"庆阳号"运用了渐变色涂装（图114），将整机多色渐变宽喷进行施工量化并转变为几何渐变区块链，是目前中国飞机

图 109 成都航空 ARJ21-700"中国梦"彩绘飞机涂装

图 110 四川航空公司空客 A350 熊猫元素彩绘飞机涂装

图 111 国航空客 A320 "锦绣湖北号"飞机涂装

图 112　国航波音 737-700 "天骄内蒙古号" 彩绘飞机涂装

图 113　中国联合航空公司波音 737-800 "安顺黄果树号" 飞机涂装

图 114　中国联合航空公司波音 737-800 "庆阳号" 飞机涂装

BCCC 系统适航喷改项目中漆色最多、技术最为复杂的飞机喷改艺术作品。"庆阳号"也因为喷改前后均为 41 吨，无明显增重，对环境极为友好，艺术设计价值极高，夺得 2019 年全球经典彩绘飞机十强榜单的榜首。

"日照号"由一架波音 737-800 型客机喷涂而成（图 115），还原中华古法传统艺术，用手绘及渐变宽喷的技艺呈现出一幅 3D 立体的匠人画作。"日照号"前端通过日照的标志性建筑灯塔拓展开了这幅画作的溯源之笔，围绕着奇幻海洋生态进行喷绘设计，并有机融入中华纹饰经典元素"龙袍水脚"搭配海洋珊瑚及各式海草，将飞机前端的深海生态有机地呈现出来，飞机后端将通过海中帆船及日出东方的海面丽景呈现出一幅海上日照景观，通过海上日出及深海生态完整地陈述了生态之城日照的海滨印象。

"连云港号——大圣归来"飞机的出炉，为中国联合航空新添了又一空中艺术品。连云港是一座山、海、港相依相拥的城市，境内古迹丰富，历史久远，是《西游记》的文化起源地。"连云港号"从中国传统文化瑰宝的彩色动画片《大闹天宫》中搜集灵感，以花果山的梦境故事溯源，寓意"海内平安泰，为梦而追翔"，表达了追梦路上不断向着美好发展的夙愿。"大圣归来"这款涂装设计在元素刻画上还原了中华千年艺匠精神，有机融合了当代文创动画形式。花果山部分的航漆配色采用了 1119 年前北宋方家王希孟在《千里江山图》中所运用的绿松石蓝渲染技艺来呈现，筋斗祥云采用 1112 年宋徽宗赵佶的绢本《瑞鹤图》中的炫云技法来梓刻，蟠桃鲜果及桃枝藤以 1961 年中国独用的国画动画技术再造呈现，凝结时空的精华。中国联航让西游圣境、山海福地的连云港更好地"走出去"，被更多人了解、熟知，不仅将连云港深厚的文化和丰富的旅游资源带向全国，同时也带动了当地社会经济的大力发展，可谓航空带动经济深层次的腾飞。

重庆航空公司的"幸福重庆号"，机身上画着 56 朵鲜艳美丽的山茶花，是为了庆祝重庆直辖 15 周年而喷绘的，像美丽的重庆姑娘徐徐走来，百转千回。

8. 人文情怀

人文精神是一种普遍的人类自我关怀，这一点在飞机涂装上也体现得淋漓尽致。

达美航空公司作为全球著名航空公司热心社会公益，将旗下的波音 757-232 客机（图 116）换上了预防乳腺癌倡议的玫瑰丝带的标志性涂装。

在达美航空的垂范下，奥地利航空公司也将旗下的两架飞机涂上了粉红色的机身丝带涂装，甚至还赞助了预防乳腺癌的苏珊基科曼基金，表现出整个社会对人的尊严、价值、命运的维护和关切。

这些活动，表达了对社会弱势群体的尊重和关爱，飞机涂装所表现出的对待妇女的态度，

图 115　中国联合航空波音 737-800"日照号"飞机涂装

图 116　达美航空公司波音 757-232"粉红丝带号"飞机涂装

折射出人文精神的光辉。

2012 年 10 月，一架机身印有 40 张中国人自信阳光笑脸的"微笑中国号"飞机（图117）乘风飞翔。国家的繁荣离不开全社会的辛勤劳动，来自普通人的正能量，更能让人引起共鸣。这些机身上的笑脸由 20 名国航一线优秀员工和 20 名通过网络在线活动甄选出的优胜者组成，他们每个人都有着与民航息息相关的真实故事，无论是飞行员的飞行足迹、地勤的后勤保障、机务的飞机检修，还是旅客飞越千山万水的难忘经历，都在点滴间折射出中国民航的发展变迁，同时也将中国的微笑带给全世界。

厦门航空公司的一架波音 787-9 彩绘飞机，是全球唯一经过联合国官方确认的特殊涂装飞机。这架飞机的机身主体使用蓝色覆盖，象征着美好、希望及无限的未来。机腹的波浪形白色部分象征着孕育地球生命的海洋。机身后部印有醒目的"in support of the UN"标语，并点缀着 17 项联合国可持续发展目标的标识，机身前部印有"Sustainable Development Goals"（联合国可持续发展目标）。

2017 年 2 月 15 日，厦航与联合国就可持续发展目标达成友好合作，这代表着厦航积极落实中国国家主席习近平提出的建设"人类命运共同体"的战略构想，更彰显了厦航把企业使命与联合国可持续发展目标相融合，与全球人民共呼吸、同命运。

英国航空公司 GREAT 彩绘飞机，由英国航空公司与中国时尚设计师 Masha Ma 合作，体现了中英两国日益加深的友谊的人文精神。设计涂绘于一架波音 777-200 飞机，以中西融合的理念，以竹子和玫瑰为元素，航空界和时尚界的联动，呈现了别具匠心的设计。竹子和玫瑰在中国和英国分别代表特殊的文化内涵，都备受人们喜爱。在中国文化中，竹子代表谦虚、正直和生命力，而玫瑰在英国文化中代表爱情、高贵和尊严。

为了纪念日本著名歌姬安室奈美惠隐退歌坛，日本航空公司将安室的形象涂装在一架波音 737-800 型飞机机身上，致敬这位全民偶像。安室奈美惠是公认的"亚洲最具镜头感的女艺人"之一，出道以来形成了独具特色的个性形象，她的隐退对于铁杆粉丝而言，简直就是青春结束的里程碑。

布鲁塞尔航空公司为了纪念比利时著名的超现实主义画家里内·玛格利特（René Magritte，1898—1967），推出了一架空客 A320"玛格利特"超现实主义艺术涂装（图118）。机身以马格利特的著名作品 La Clairvoyance 和 Le Retour 为题材，马格利特的作品以带有些许诙谐及许多引人深思的符号语言而闻名，此举被视为是艺术界和航空界的空中联姻。

"哆啦 A 梦""蓝精灵""灌篮高手"，这些动漫形象经常成为民用飞机涂装的座上宾，因为关爱儿童成长，迎合孩子们趣味的航空公司可不在少数。

图 117　国航波音 777"微笑中国号"彩绘飞机涂装

图 118　布鲁塞尔航空公司空客 A320"玛格利特"超现实主义艺术涂装

航空文化一直伴随着儿童的成长，设想一下，你是否会因为自己熟悉的动画人物、小动物而迷上一款飞机、一家航空公司，进而了解飞行、了解科技、了解世界，对于世界热烈而紧张的好奇心，因为某一次航班的邂逅，暗自埋下了。

追溯世界上最早的彩绘飞机，一定非全日空莫属。全日空1993年推出由12岁小女孩桓友纪惠绘制的海洋动物的形象涂装，生机盎然，活泼有趣。

日本航空还将举办的小学生绘画比赛中获胜的得奖作品喷涂在机身上，展现亲和力。

古灵精怪的形象，绚丽夺目的涂装，随时都在与拥有童心的你进行信息的传递和情感的沟通。

全日空的波音777飞机、波音747飞机分别描绘了"宝可梦"的涂装；波音747型"史努比"滑雪主题飞机彩绘涂装；以星球大战中最经典的机器人"R2-D2"为主题的波音787飞机彩绘涂装；《原力觉醒》中的机器人角色BB-8被喷绘在一架波音777-300ER客机上；"飞天熊猫号"是为了纪念开通中国航线20周年；适逢中日邦交正常化35周年的特别涂装，以及海底世界的庞然大物"海龟"主题的涂装也跃然于飞机上，让人向往不已。

日本航空公司的"小黄人"、"海底世界"主题的卡通涂装也精彩纷呈，"哆啦A梦"主题的涂装采用了波音767-300机型，机身外部采用原创立体喷绘图案，高4.6米、宽5.9米，满足了很多人童年想和蓝胖子带着竹蜻蜓一起飞的梦想（图119）。

比利时布鲁塞尔航空公司"丁丁历险记"涂装的空客A320飞机，这幅彩绘以海洋为主题，整架飞机被涂装成一条37米长的黑色鲨鱼，丁丁和米卢从一艘潜水艇向外望，注视着海洋世界。

说到比利时的"国粹"，不得不提到蓝精灵。蓝精灵是1958年由比利时漫画家贝约创造的卡通形象，直到今天，《蓝精灵》连环漫画仍在连载，而头戴白帽的蓝色小人形象也已经家喻户晓。蓝精灵可能是很多"80后""90后"儿时的记忆，他们生活在森林深处，精灵爸爸、精灵妹妹、苯苯、乐乐等使得精灵村每天都欢声笑语。布鲁塞尔航空公司推出的"蓝精灵"彩绘飞机，宣扬了比利时的文化，也唤醒了很多"80后""90后"童年的美好回忆。

海南航空公司的"功夫熊猫号"系列，萌萌的阿宝伴随你在蓝天中畅游，让乘坐这架飞机的旅客都喜气盈盈。这六架波音787-9功夫熊猫系列飞机（图120），也一度成了海南航空的独特魅影。

中国东方航空公司的迪士尼系列，"米奇与米妮"（图121）、"迪士尼·皮克斯玩具总动员"、"达菲·联萌号"的相继问世，为东航的形象增添了无限的光辉，也成为大家心之向往的"网红"飞机，成为引人注目的打卡圣地。

图 119　日本航空公司飞机彩绘涂装

图 120　海南航空波音 787-9 "功夫熊猫"彩绘涂装

图 121　东航空客 A330 迪士尼系列"米奇与米妮"主题飞机涂装

日本航空公司对"米老鼠"的喜爱可谓渊源已久，作为迪士尼指定的航空公司，日本航空总会在重要时节用"米老鼠"作为"封面人物"，展现日本航空独特的风貌以及和迪士尼的"心心相印"（图 122）。

追溯到 1994 年，日本航空第一代迪士尼主题的彩绘飞机共有五架，三架为波音 747-100，两架为波音 767-300，涂装的颜色一致以白色为底色配浅蓝色，机身左右两侧为不同的人物图案，垂尾的米奇图案表达了"迪士尼之旅"。

2001 年，日本航空为了纪念成立 50 周年，特别将六架波音 747 飞机装扮成米奇和米妮的世界，轰动一时。第一架名为"Friends"，描绘了 1935 年米奇首次登场的卡通《威利号汽船》；第二架名为"Sweet"，机身以象征爱情的粉红色为底色，绘有米奇与米妮、美女与野兽、灰姑娘与王子等图案；第三架名为"Family"，绘有米奇与布鲁托、小鹿斑比与母亲、狮子王与辛巴，还有 101 忠狗，用以表达家庭的意义；此外，"Disney Sea"涂装是为了宣传 2001 年 9 月 4 日开园的东京迪士尼海洋世界，两架波音 747 飞机涂装成布满光线反射的海洋，由米奇与米妮担任飞船的船长。最后一架名为"Dream Story"，这架飞机的涂装是向公众征集票选而来的，涂装上由米奇担任机长，他的伙伴们各自驾驶奇幻飞机，机头的部分是微笑的米奇。

2013 年，为了庆祝东京迪士尼乐园开园 30 周年，日本航空又一口气推出了六架"迪士尼"主题彩绘飞机，其中四架机型为波音 737-800，两架机型为波音 777-200（图 123）。

2015 年 7 月，为了庆祝达菲熊（Duffy）进驻东京迪士尼海洋公园 10 周年，日本航空推出了四架主题为"Journeys with Duffy"的迪士尼——达菲熊涂装，机型均为波音 737-800。

到了 2018 年，东京迪士尼开园 35 周年之际，日本航空又喷绘了"Happiest Celebration"主题涂装，米奇老鼠和朋友们一同出现在机身上，用以庆贺这一盛世，共襄盛举。

日本航空的迪士尼情结在波音和空客很多机型上一脉相承，陈陈相因，正因如此，吸引了很多客群，同时也树立了品牌 B to B 营销的典范。

加拿大西捷航空公司 2013 年推出了一架波音 737-800 主题为米老鼠"魔术飞机"的彩绘作品，充满了米老鼠魔法师的梦幻风格；2015 年又推出的迪士尼"冰雪奇缘"主题彩绘飞机，伴随着 Elsa "Let it go"的动人歌声与你的旅程相伴相随。这架波音 737 使用了 170 多加仑（约 640 多升）、23 种颜料，机身上展示了 Anna、Elsa 和 Olaf 三个卡通人物，飞机的内饰也采用了与彩绘对应的由冷到热的渐变装饰，满足了女孩们的公主梦（图 124）。

图 123　日本航空公司"迪士尼"主题飞机涂装

图 122　日本航空公司波音 747 "迪士尼"主题飞机涂装　图 124　西捷航空公司"迪士尼"主题飞机涂装

阿拉斯加航空公司对迪士尼卡通人物的热爱亦是深入骨髓、融进血液，"奇妙仙子""米奇""阿拉丁""闪电麦昆""巴鲍伯"等这些大家耳熟能详、形象生动的卡通人物跃然于飞机上，将美国文化传播给全世界，风靡全球。

随着《指环王》系列电影风靡全世界，新西兰航空富有创意地以这部新西兰电影题材为蓝本，将电影海报众多人物展现在一架波音767-300机身上；《霍比特人：史矛革之战》的首映，新西兰航空再次推出一架"霍比特人"主题的波音777-300ER客机，富有创意地向全球影迷独家揭露了导演彼得·杰克逊对神秘巨龙史矛革的诠释。这架飞机上的巨龙遍布了整个机身，具有极其强大的视觉冲击力，向全世界影迷展现了震撼人心的巨龙形象。随着《指环王》系列在世界各地备受追崇，新西兰航空迅速在全球赢得了好感。

《灌篮高手》是国人最为熟悉的日本漫画之一，伴随着一代人的成长。天马航空公司推出的"灌篮高手"主题彩绘飞机，让人心潮澎湃，激动不已，樱木花道、三井寿、赤木晴子的再现，不禁让人感叹，青春又回来了！

9. 用感性设计思潮，引领飞机涂装设计

自20世纪70年代起，工业生产逐渐由传统的"以制造为导向的产品出去"（Product-out）理念转变为"以市场带入"（Market-in）为导向的生产理念，更加注重产品带来的感官、体验和个性化差异。

广岛大学的长町三生教授是感性工学的创始人，奠定了感性工学的理论基础。如今，设计开始进入注重感性的时代，设计过程中感性因素如"感性、有想象力、有趣味、好玩、吸引人、或许有一点笨拙、创新、非传统"逐渐取代诸如"功能性、技术性、透明、清楚、真实、善用材料、长寿命、永恒、理性、酷"等理性因素。随着感性消费的来临，设计发生前所未有的变化，感性设计可以为消费者带来更加丰富的体验，能够更好地为产品和品牌建设服务。

在诸多要求和束缚之下成就一件完美的艺术品，的确是一种挑战。在飞机涂装设计中充分彰显民族文化特征、充分考虑人们的心理感受是毋庸置疑的设计思路，机身涂装设计应着重考虑视觉美感、民族文化、乘客心理等因素。

（1）基色与装饰色形成鲜明对照

鲁道夫·阿恩海姆在《艺术与视知觉》中指出，人眼在观看事物时似乎总试图寻找"图"与"底"的关系，这样可以使事物更具层次性，更加生动。因此，在飞机机身涂装设计中应遵循这一心理原则，使机体的基色与装饰色在色相、明度及饱和度上形成鲜明对比，凸

显图底的关系。此外，使用小面积高饱和度的装饰色带可以有效打破机体本身的单调感和乏味感，以视觉跳跃的形式带给乘客心理愉悦感。

（2）彰显民族文化，充分考虑色彩的民族内涵

在机体选色搭配的总体原则指导下，还应充分考虑色彩的民族性及其所蕴含的文化内涵。不同国家由于地理位置、自然环境、人文环境、风土人情的差异，对待同一种颜色会有不用的阐释，比如白色在日本表示喜庆和纯洁，而在中国却表示追悼。

在机体涂装设计中，历史、文化传统、人文因素等本民族特有的、血脉相连的共同因子的运用，可以引发人们的亲切感和熟悉感，使飞机产品具有亲和力。因为，心理学研究结果显示："人们对熟悉的事物有与生俱来的亲近感，他们喜欢与熟悉的人打交道，对童年的旧物及能唤起过去美好时光的事物易产生好感，然而过度的熟悉又会徒增单调乏味之感，无法勾起人们的好奇心，唯有处于中间地带的设计堪称好的设计。"显而易见，色彩中蕴含的文化底蕴悠久绵长，潜藏在人们的潜意识之中，努力迎合本地区、本民族的色彩观念，有利于塑造别具一格的飞机涂装视觉新形象。

（3）充分考虑色彩情感因素和心理效应

色彩不仅在视觉上产生效应，还会间接影响人的情绪和行为，诱发心理联想，使人们产生不同的心理和生理效应，使色彩具有拟人性的情感倾向。比如色彩的明暗感、冷暖感、轻重感、软硬感、远近感、明快与忧郁感、华丽与朴素感等。在飞机机身涂装设计中，应善于利用这一基本原则营造出轻盈而不失稳重、明快而具有亲和力的飞机形象。

第一，轻盈而不失稳重。通常大型民航运输机由于形体庞大，容易对人的心理产生胁迫感，我们可以通过产品形体转折变换以及巧妙的分布色来增强视觉的稳重感，其重要意义在于稳重感是对服务主体"人"诱发安全感的前提。因此，大面积的高明度、低饱和度的无彩色、中性色系，如白色、浅灰色作为机体的基色是我们在飞机涂装设计中的首选，以高明度、高饱和度的彩色色带作为辅色，是飞机涂装选色搭配的基本原则。在设计中还应该充分认识到，颜色的呈现分布对乘客心理产生的感受，利用色彩强弱、轻重对比，达到视觉上的均衡与稳定。冷色系会使人感到舒适，配置明色在上、暗色在下，则给人以稳重、安全的心理暗示。

第二，快捷、明快且具亲和力。快捷、高效是广大乘客对民航运输机的心理需求。总体来说，在飞机机体巧妙地布置带状高明度并与基色形成强烈对比的高饱和度色彩可给乘客简约、明快的心理感受，随着机身流线型而因势利导的布局，像是有一种巨大的力场，

为飞机增添了生命的韵律与几分活泼的生气。快捷、高效主要体现在飞机涂装的速度感上，速度感可以赋予飞机畅通、快捷、便利的心理暗示作用。因此，飞机表面涂装应以大面积主色调及随飞机造型走势而布置的导向性线条为主，这些线条的色彩通常与主色调形成强烈对比，以凸显醒目并产生强烈的视觉效果，同时还需考虑线条的连续性，确保整体机身连贯呼应、畅快淋漓。

《康定斯基论点线面》一书中，康定斯基在定义线条时指出："线条的简单与复杂变化在于作用力的不同方向的变化，就决定了线的内在声音必然表现为张力和方向。"他所说的内在声音是抽象符号的张力、方向与视听觉作用所唤起的主观精神。由此可见，线条具有张力和方向的天然属性，是表现速度感的最佳形式。

（4）与整体造型和谐统一

飞机涂装的色带划分方式应顺应心理学原则，化繁为简，简明、有序并与飞机主体造型相映生辉，符合视觉美感形式化原则。

基于高效的初衷，人脑倾向于将杂乱无章的信息序列化、规整化，在飞机涂装上，可以将装饰色域简化为条带状，并使其贯穿机身始终，形成首尾呼应的视觉和谐感，体现一体化效应。

对称与均衡、对比与和谐、变化与统一、比例与尺度、节奏与韵律，这些均为视觉传统的形式美感法则。人类自诞生起便产生了基于心理的认知活动，通常这一活动以人自身为参照系，毕达哥拉斯的人体黄金分割率正是最好的佐证。因此，在飞机涂装设计的色带划分与布局中，应在传统的形式美法则的基础上增加"人"这一参考坐标，引入乘客的心理因素及情感因子。

承载文化内涵及审美心理的飞机涂装设计是一个全新的感性设计领域，具有广阔的发展前景。在当今时代全世界都在比拼"软实力"的情况下，设计转向文化及传统将是打造民族品牌、形成设计风格行之有效的方法，而设计的成败最终取决于谁能够撩拨到购买者的心弦，因此从心理学角度切入设计将是解决问题的崭新视角，值得推崇。

后记

在我有限的人生历程中，所学习的知识和所从事的工作，有些看似没什么关联，实则构建了一个更多角度、更多维度的精彩世界，期盼带来一份惊喜，亦期望缔造和开创一个传奇！

每个人心中都隐藏着飞翔的梦想，每个人都有一个关于飞行的故事。因为"飞"不仅是一种物理上的位移，更是一种精神上的追求。延展人的体能，实现自我的超越。这是因为，艺术观、政治观、爱情观应从世界观来，世界观应从宇宙观来。

飞机不仅仅是一种交通工具，而且是一种生活方式，更是一种创意和思维模式。一个好的创作者，必须具备三个要素：头脑、才华、心肠。这是一粒用艺术的思维方式解读工业品的种子，和向大家传播所谓"高门槛、高精尖、高投入、高风险、高端化，不是普通人能够接触和参与"的对航空文化神秘感的正确导向和新颖见解的种子。

这些线束构建了航空文化，航空文化是凝结在物质之中又高于物质之上的，培养航空文化并不是一种说教，文化是一种适宜的气候和土壤。而用艺术的眼光和角度来看待冷冰冰的"飞机"，会看到不一样的精彩天地，也会为冷酷的工业品增添人情味和温暖。科学和技术的日新月异大大改变了工作的性质，人们可以站在自己的维度，专业地、主动地思考问题，会获益良多，"在一个岗位上干一辈子"的时代早就结束了。

环境和机遇在改变，世界也在改变，唯一不变的是变化本身。不用担心"绿叶不复枝头"，边做边学本身就是一种进步。

要了解自己，了解自己的"神、智、器、识"，明确自己的底线，看清自己的边界，找到属于自己的路，沿着这条路专注地走下去，全神贯注，心无杂念，自己培养自己，自己养兵千日用在一时，这就是一种自我实现的幸福。写作的幸福，就在这静静的狂欢，连连的收获。

本书的出版，感谢沈榆老师，倡导我们"有情怀"地写作，激发了我内心深处早已种下的种子，我用我活泼的生命和内心湿润的土壤浇灌这粒种子的生长，迎接这粒种子的发芽。还得益于上海人民美术出版社，没有他们，这件事是不可能做成的，在此也衷心感谢在创作这本书时给予我真诚帮助的各位朋友！

本书饱含了我对工作和生活的挚爱与深情，以及不一样的眼界和视角，相信你也会打开这扇窗，看到一个精彩而丰富的世界！

参考文献

[1] 罗燕.驾驶舱照明设计与分析［J］.电子测试，2013（15）：27-30.

[2] 方从法.民用喷气飞机概论［M］.上海交通大学出版社，2012.

[3] 李亮之.色彩设计[M].北京：高等教育出版社，2006.

[4] 王受之.世界平面设计史[M].北京：中国青年出版社，2002.

[5] ［日］原研哉.设计中的设计［M］.济南：山东人民出版社，2006.

[6] 张庆伟，林左鸣.世界民用飞机手册[M].北京：航空工业出版社，2009.

[7] ［荷］彼得·温克，克劳斯·布劳尔.飞机客舱舒适性设计［M］.党铁红，译.宋文滨，校.上海：上海交通大学出版社，2013.

[8] ［英］理查德·布兰森.商界裸奔：一切生意的绝对秘密［M］].李志斌、郑云辉，译.方颖，校译.北京：中信出版社，2016.

[9] 华彬，华楠.超级符号就是超级创意［M］.南京：江苏凤凰文艺出版社，2016.

[10] GJB2837-1997军事装备和设施的人机工程设计准则.国防科学技术工业委员会批准，1997.

[11] GJB4856-2003中国男性飞行员人体尺寸.中国人民解放军总装备部批准，2003.

[12] ［美］鲁道夫·阿恩海姆.艺术与视知觉［M］.滕守尧，译.成都：四川人民出版社，2019.

[13] ［俄］瓦西里·康定斯基.康定斯基论点线面［M］.罗世平，译.中国人民大学出版社，2003.